艺术设计 ARTDESIGN

高等院校艺术学门类『十三五』规划教材

建筑模型制作教程（第二版）

JIANZHU MOXING ZHIZUO JIAOCHENG

主　编　黄　信　张　凌　曹　喆

副主编　李道源　费　雯　王志武　喻　欣　曹　流　温　静
尹　佳　李　欣　王　佳

参　编　（以姓氏笔画排序）
兰　鹏　吕道远　李　娜　李　娟　杨　柳　余利平
张　进　张　洋　陈　玲　罗　雪　罗倩倩　周　麒
郑蓉蓉　胡芳晴　姜　文　姚丹丽　桂　琳　钱　浩
钱　婧　潘　静　戴　玥　瞿思思

華中科技大學出版社
http://www.hustp.com
中国·武汉

内 容 简 介

本书根据当前社会对高校环境艺术设计专业人才的要求编写而成，注重培养学生的空间思维能力、动手能力和团队合作能力。本书编写符合环境艺术设计专业本(专)科教学规范要求，内容系统而全面，图文并茂，具有较强的实用性和借鉴性。

全书分为十章，分别是概述、建筑模型的分类、常用建筑模型制作材料与工具、建筑模型制作前的准备工作、建筑模型制作实例解析、室内空间模型制作、建筑外环境模型制作、建筑模型的发展趋势、建筑模型作品欣赏和建筑模型制作参考图例。

本书既可作为高校环境艺术设计专业、建筑艺术设计专业、园林景观设计专业的教材，又可作为建筑模型制作爱好者、建筑设计工作者的参考书。

图书在版编目(CIP)数据

建筑模型制作教程 / 黄信，张凌，曹喆主编.—2 版. —武汉：华中科技大学出版社，2017. 1 (2022. 1重印)
ISBN 978-7-5680-2215-6

Ⅰ. ①建…　Ⅱ. ①黄…　②张…　③曹…　Ⅲ. ①模型(建筑)-制作-高等学校-教材　Ⅳ. ①TU205

中国版本图书馆 CIP 数据核字(2016)第 219853 号

建筑模型制作教程(第二版)　　　　黄信　张凌　曹喆　主编
Jianzhu Moxing Zhizuo Jiaocheng(Di–er Ban)

策划编辑：彭中军
责任编辑：史永霞
责任监印：朱　玢
出版发行：华中科技大学出版社（中国·武汉）　　电话：(027) 81321913
　　　　　武汉市东湖新技术开发区华工科技园　　邮编：430223
录　　排：武汉正风天下文化发展有限公司
印　　刷：武汉科源印刷设计有限公司
开　　本：880 mm × 1 230 mm　1 / 16
印　　张：7.25
字　　数：226 千字
版　　次：2022 年 1 月第 2 版第 4 次印刷
定　　价：45.00 元

第二版前言

JIANZHU MOXING ZHIZUO JIAOCHENG(DI-ERBAN)

《建筑模型制作教程》自 2013 年 6 月出版以来，得到了各高等院校环境设计及其相关专业师生和其他广大读者的认同。在这段时间内，随着环境设计理论知识的更新，编者通过建筑模型制作课程教学实践认识到，书中有关内容需要补充与完善，从而在更高层次上满足专业教学实践及广大读者的需求。

《建筑模型制作教程（第二版）》在保持了第一版知识结构和实践环节的基础上，对第 1 章和第 8 章内容进行整合，重写第 7 章；更新了第 1、2、3、5、6、8、9 章节的部分图片，以便使各高校环境设计及相关专业师生和其他广大读者了解并掌握建筑模型制作与应用。

特别感谢湖北工业大学工程技术学院艺术设计系师生的大力支持，感谢北京师范大学珠海分校戴玥老师参与相关章节的编写，因为通信地址不详或其他原因，部分模型作者及指导教师、曾经给予帮助的人士或单位在这里可能没有提到，请多多包涵。由于编写时间仓促，编者水平有限，书中难免有错误和欠妥之处，恳请广大读者和相关专业人士批评指正。

编者

2016 年 8 月

第一版前言

JIANZHU MOXING ZHIZUO JIAOCHENG(DI-ERBAN)

建筑模型制作是高等艺术院校环境艺术设计专业开设的专业基础课。通过本课程的学习，学生对建筑模型的概念、发展历程、作用及分类等理论知识将有一个系统的认识，在模型制作过程中学生还将对建筑空间组合、建筑色彩搭配规律、建筑模型制作方法等有更深的理解，这将为学习建筑空间设计奠定一个扎实的基础。

本书本着实用、系统、创新的原则，力求体现艺术设计类教材的特点，集知识性、实践性、启发性和创造性于一体，力求在传统教材模式基础上有所突破，使之更加贴近学生的阅读习惯和学习特点，激发学生的求知欲和动手制作的积极性。

本书在编写的过程中参考了大量图片及文字资料，在此感谢武汉理工大学土木工程与建筑学院建筑学系王晓教授，武汉科技大学艺术与设计学院原党委书记彭聚春老师、副院长叶云的悉心指导，感谢湖北工业大学工程技术学院艺术设计系的领导及同事们的理解与支持，感谢广西工学院鹿山学院尹佳，感谢华立文具湖北工业大学店、武汉赛悦建筑模型设计有限公司，同时感谢湖北工业大学工程技术学院艺术设计系环境艺术专业的同学们提供的图片及文字支持。由于通信地址不详或其他原因，部分模型的作者及指导教师、曾经给予帮助的人士或单位在这里可能没有提到，请多多包涵。

由于编写时间仓促，编者水平有限，书中难免有错误和欠妥之处，恳请广大读者和相关专业人士批评指正。

编 者

2013 年 5 月

目录

JIANZHU MOXING ZHIZUO JIAOCHENG (DI-ERBAN)

1.4 建筑模型发展趋势

在建筑技术、建筑材料施工工艺快速发展的今天，建筑模型的发展趋势是很难预料的，但并不妨碍从以下几个方面来推测未来建筑模型的发展趋势。

1.4.1 价值定位

目前，房地产开发商和建筑设计公司（建筑设计院）委托建筑模型公司制作投标模型、展示模型用于项目竞标和房产促销。建筑模型制作主要是体现商业价值，价值定位较单一。

未来的建筑模型价值定位将趋于多样化，不仅仅体现为商业价值，而且还体现为观赏价值。建筑模型是艺术品，小型建筑模型可以放在家中的壁橱内，作为摆件，同时具有装饰空间的作用。

1.4.2 表现手法

从表现形式上看，目前建筑模型初步达到仿真效果。既有静态模型又有动态模型，既有无声模型又有声、光、电一体的高科技音效模型，表现手法已趋于成熟。未来建筑模型将与数字化虚拟联系得更加紧密，尤其是与建筑虚拟动画相结合，使建筑模型的表现更加生动、扣人心弦、引人入胜。

从建筑模型材料上看，目前的建筑模型材料受到加工工艺的限制，与高仿真模型材料相比还有一定差距。未来的建筑高仿真模型材料将随着技术的突破而得到开发和应用，各种类型的成品型材模型，各种比例、大小的型材模型将越来越多，制作者选择的余地也越来越大。

从建筑模型制作工具上看，目前的建筑模型工具主要以手动工具和半自动化工具居多，未来的建筑模型工具将趋于全自动工具，更加符合人机工程学原理，数控技术不断提高，数字化模型表现技术不断提高，从而使模型制作效率大大提高。

复习思考题

1. 名词解释：建筑模型。
2. 简述我国建筑模型发展历程。
3. 简述建筑模型作用有哪些。
4. 口述未来建筑模型发展趋势，可提出自己的观点，论点明确，论据充分。

2

建筑模型的分类

JIANZHU MOXING DE FENLEI

2.1 按建筑模型制作深度分类

2.1.1 概念模型

概念模型是在建筑设计处于初始阶段时，设计师运用抽象化的符号表达建筑形体和空间关系的模型。图 2–1 反映了建筑和周围环境之间的关系。

图 2–1 某生态城概念模型图

概念模型的特点有：选材比较自由，概括性强，制作快速，注重整体关系，配景象征化、抽象化。概念模型不需要推敲过多的建筑细节，只需要重点塑造建筑的体量与形态，把握好建筑与周围环境、建筑与建筑之间大的比例关系。如图 2–2 所示，该建筑模型采用牛皮纸和 KT 板的边角余料制作，制作者将牛皮纸折叠围合成一个封闭的六面体。这个六面体便成为一个概念建筑，若干个六面体围合成一个概念建筑群，在六面体的一面或两面剪出一个矩形的孔，便是一个概念的窗，将 KT 板的边角余料剪切成带状，错落有致地搭接在六面

图 2–2 建筑概念模型图
（石峰等，指导老师：黄信）

体群的周围，形成建筑外部进入建筑内部的过渡空间。

概念模型不仅可以表达抽象的建筑形体，而且还可以表达抽象的室内空间结构和形态，如图 2-3 至图 2-5 所示。

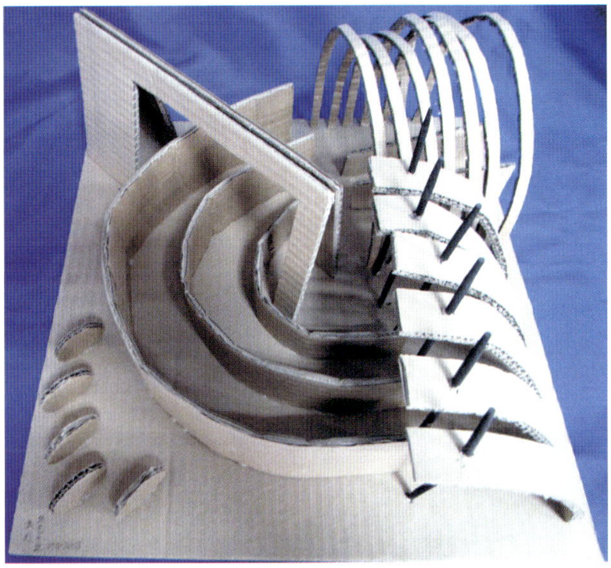

图 2-3　空间概念模型图之一（指导教师：罗倩倩）

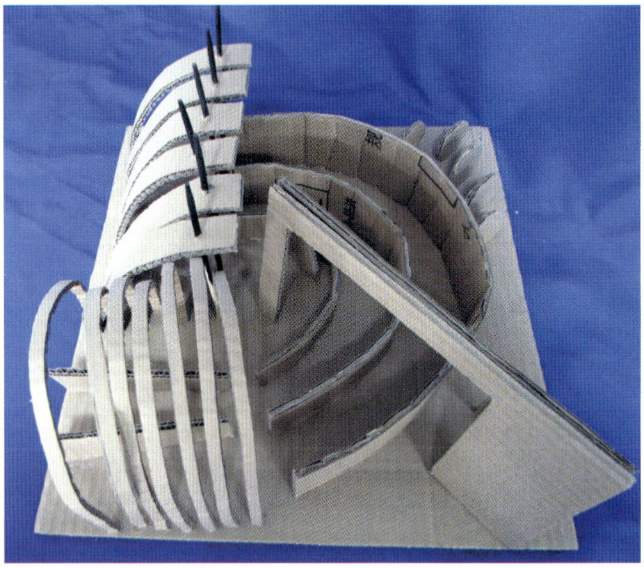

图 2-4　空间概念模型图之二（指导教师：罗倩倩）

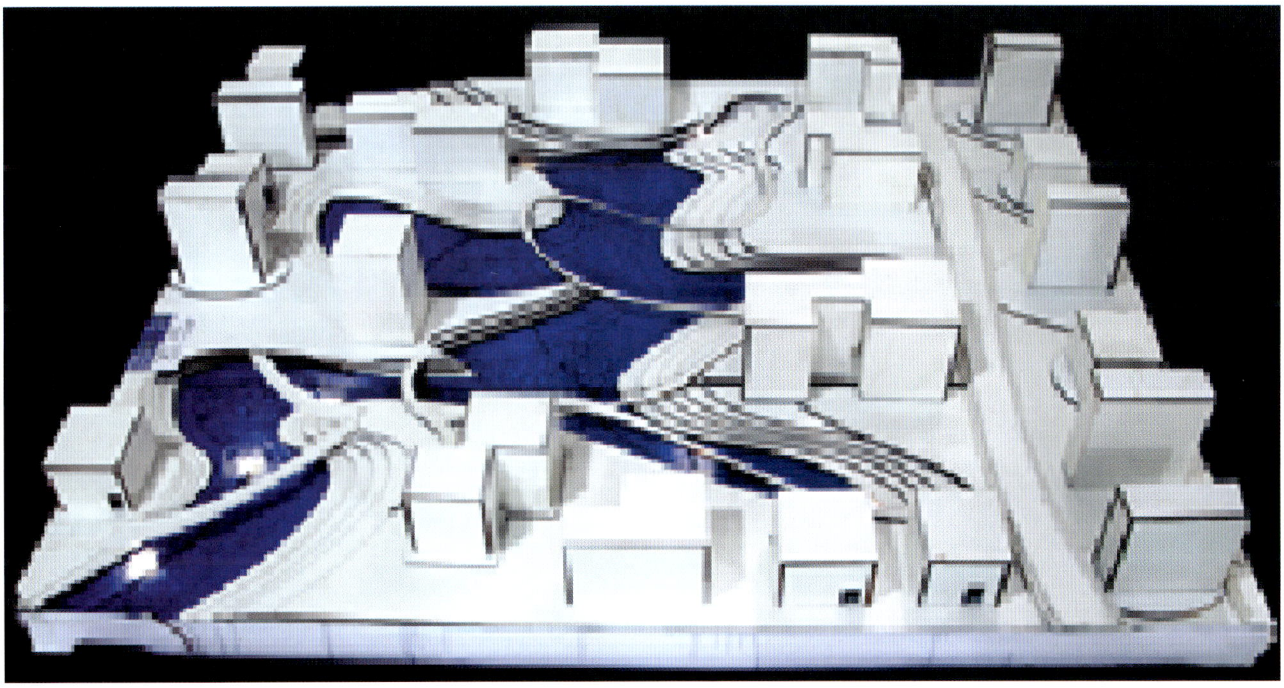

图 2-5　空间概念模型之三模型板制作的概念规划模型
（梁金鼎，指导教师：兰鹏）

2.1.2　标准模型

标准模型是在概念模型的基础上进行的深化表现。相对于概念模型而言，标准模型在比例上、色彩上、材质上、建筑细节表达上更趋向真实。标准模型从内容上可分为单体建筑标准模型和建筑群标准模型；标准模型从色彩上分为单色系标准模型和自然色系标准模型。如图 2-6 所示，该建筑模型为单色系标准模型，整个建筑主体采用白色，建筑上的窗洞尺度相对于图 2-2 中的窗洞而言，更加符合实际尺寸，建筑界面突出的体块体现出视觉层次感。建筑周围的环境是由线框组合而成的，颜色采用白色，与建筑色彩相呼应。

图 2-6　某学院学生公寓标准模型图
(杨光　余意　高蘅　胡慧丰，指导老师：黄信)

2.1.3　展示模型

展示模型是在标准模型基础上进行的深化表现，展示模型按照一定的比例微缩真实的建筑，无论是在结构上，还是在色彩上与真实的建筑完全一致。展示模型主要用于展示设计师的最终设计成果。展示模型分为单体建筑展示模型、建筑室内展示模型、建筑群规划展示模型。如图 2-7、图 2-8 所示，这两个模型是单体建筑展示模型；如图 2-9 所示，该模型为建筑群规划展示模型。

图 2-7　别墅建筑展示模型
(吴佳慧 胡锦一 赵博，指导教师：黄信)

图 2-8　现代公司办公区展示模型图
(王学林　夏添　曾昊　涂飞)

图 2-9　建筑群规划展示模型图
（章卉　彭晶）

2.2
按建筑模型制作表现内容分类

建筑模型按模型制作表现内容可以分为居住建筑模型、公共建筑模型、农业建筑模型、工业建筑模型。

2.2.1　居住建筑模型

居住建筑模型所表现的内容主要包括别墅建筑模型、住宅建筑模型、民居建筑模型、宿舍公寓类建筑模型等。在这些模型中，住宅建筑模型和别墅建筑模型最为常见。目前许多房地产开发商有大量的居住区规划设计项目，房地产开发商为了促销，根据项目内容，委托模型公司制作大量的住宅建筑模型及别墅建筑模型。如图 2–10、图 2–11 所示。

图 2–10　名都花园·山水苑小区规划模型图
（武汉赛悦建筑模型设计有限公司）

图 2-11　单体别墅建筑模型图

2.2.2　公共建筑模型

公共建筑模型的表现内容十分广泛，如行政办公建筑模型、教育建筑模型、医疗建筑模型、商业建筑模型、观演建筑模型、园林建筑模型、交通建筑模型等。图 2-12 所示是一个餐厅建筑模型，从半开敞的顶棚向建筑内部俯视，可以看到舒适的餐饮环境。

图 2-13 所示是建在园林水面之上的一个仿古建筑——廊亭模型。水中的建筑倒影和真实的建筑交相呼应，别有一番意境。图 2-14 所示是奥林匹克体育中心综合馆建筑模型。

图 2-12　某餐厅建筑模型图　(吴锟　朱雪松　郑思萌　杨晨龙)

图 2-13　某园林建筑模型图
(王晨　金雯婷　刘天笑，指导老师：黄信)

图 2-14　奥林匹克体育中心综合馆建筑模型图
(武汉赛悦模型设计有限公司)

2.2.3 农业建筑模型

农业建筑模型主要是指表现农业、农牧生产和加工的建筑模型，如温室模型、饲养场建筑模型、粮食加工站模型、农机修理站模型等。

2.2.4 工业建筑模型

工业建筑模型是指用于工业生产的各类建筑模型，主要包括生产车间模型、动力用房模型、仓储建筑模型等。工业建筑模型分为静态建筑模型和动态建筑模型。静态建筑模型是反映工业区各个建筑空间相对位置的模型，又称为静态工业建筑模型。动态建筑模型可以展示主要部件的运作关系。

2.3 按建筑模型体量分类

建筑模型按建筑模型体量分类，可分为微缩模型和足尺模型。

2.3.1 微缩模型

微缩模型是按照一定的比例缩小真实建筑而制作出来的模型。比例尺可以根据模型底座规格设定，比如 1∶20、1∶50、1∶80、1∶100、1∶150 等。图 2-15 所示为某艺术中心模型。

图 2-15　运用模型板作为主材的公共建筑模型
（褚金媛　张莹　曹兴程　陈博文，指导教师：黄信）

2.3.2 足尺模型

足尺模型是按照 1∶1 的比例制作的模型，它的尺寸与真实的建筑一样。足尺模型多见于房地产开发楼盘中的样品房、展示空间设计、家具制作和特殊要求的模型设计中，如图 2-16 至图 2-18 所示。

图 2-16 凉亭模型效果图之一
(张欢 赵坤 宋思思 凌之路，
指导老师：张凌)

图 2-17 凉亭模型效果图之二
(张欢 赵坤 宋思思 凌之路，
指导老师：张凌)

图 2-18 凉亭模型图局部
(张欢 赵坤 宋思思 凌之璐，指导老师：张凌)

复习思考题

根据建筑模型的分类情况，思考各种建筑模型的特点和区别。

3

常用建筑模型制作材料与工具

CHANGYONG JIANZHU MOXING ZHIZUO CAILIAO YU GONGJU

3.1 常用建筑模型制作材料

建筑模型制作材料的选用恰当与否是决定建筑模型制作成败的重要因素之一。建筑模型制作材料也决定了建筑模型的外表质感和三维形态。当前，建筑模型制作材料很多，但适合于学生们制作的材料一般只有六七种，如纸材、木材、有机玻璃板、PVC 板、铁丝等；而对于建筑模型制作公司来说，制作建筑模型的主要材料有 ABS 塑料、玻璃、泡沫、有机板、灯泡、日光灯管、二极管、光导纤维、喷漆、变压器、铁钉、KT 板、纸材、黏合剂、塑料条等。制作者可以根据具体的建筑设计方案、模型制作要求和模型的预期效果来选择合适的建筑模型制作材料。下面介绍几种常用的建筑模型制作材料。

3.1.1 纸材

纸材是最常见的建筑模型用材，不仅用于建筑模型课堂实践环节，而且还广泛用于环境艺术设计专业学生的毕业设计。在各类建筑模型制作比赛、展览中，纸材是广大模型制作者首选的材料。

1. 纸材的分类

纸材分为白卡纸、瓦楞纸、波纹纸、墙纸、水彩纸、牛皮纸、塑泡纸、即时贴贴纸等。

白卡纸材质挺括、表面平滑，是建筑主体模型的最佳用材，如图 3-1、图 3-2 所示。

图 3-1 白卡纸

图 3-2 白卡纸围合的主体建筑模型，表面喷漆（徐群 聂云 李颖）

瓦楞纸（见图 3-3）主要用于建筑屋顶模型的制作，根据不同的建筑主体色彩，搭配色彩合适的瓦楞纸作为建筑屋顶，可以达到独特的效果。如图 3-4 所示，这个模型是一个海边欧式别墅建筑模型，它的屋顶采用淡黄色瓦楞纸制作。

图 3–3　瓦楞纸

图 3–4　用瓦楞纸制作的建筑屋顶模型图
（张洋　黄琴　芦智，指导老师：黄信）

波纹纸的表面有水波纹纹理，适合制作小水池、河水，如图 3–5 所示。

即时贴贴纸主要用于建筑模型的墙面装饰，如图 3–6 所示。

图 3–5　用波纹纸制作的水池

图 3–6　用即时贴贴纸装饰的墙面

2. 纸材的特点

纸材有几个方面的特点：一是纸材的可塑性较强，可以通过剪裁、折叠，改变纸材原有的形状；二是通过褶皱纸材可以产生不同的肌理；三是制作者可以通过喷漆或涂抹颜料的方式渲染和改变纸材表面固有色，使纸材表面形成设计所需要的色彩，如图 3–7 所示。

图 3–7　丙烯颜料涂抹后的建筑墙面效果图
（赵妍　周捷　刘琴，指导老师：黄信）

3.1.2 木材

1. 木材的分类

木材是建筑模型制作中的基本材料。木材根据形态特点可以分为木板、木条、木片、木块等。木材的形态决定了其在建筑模型制作中的用途。

如图 3-8 所示，六个薄木板围合成一个六面体，用大头钉固定，作为休息亭模型底座，四根木条作为四根柱子，分立在底座四个角落，柱子支撑起亭子的顶盖。顶盖采用四角攒尖屋顶，四根脊檩和檐椽分别采用粗木条和细木条加工制作。

木片可以作为建筑细部装饰和建筑室外景观设施模型用材，如图 3-9 所示。

2. 木材的特点

木材与纸材相比加工制作难度大，硬度较高，但木材因其特有的纹理极具亲和力，装饰性强。在建筑模型制作中常用的木材有椴木、云杉、朴木等。

图 3-8 休息亭建筑模型图
（王晨 金雯婷 刘天笑）

3.1.3 ABS 塑料

ABS 塑料分为 ABS 板材和 ABS 棒材。ABS 板材是目前建筑模型制作公司普遍采用的建筑模型原材料，该材料为瓷白色，厚度 0.5 ~ 5 mm，是当今流行的手工及电脑雕刻加工材料。它的特点是适用范围广，材质挺括，细腻易加工，着色性强，可塑性强。如图 3-10、图 3-11 所示，建筑模型主体材料为 ABS 板材。ABS 棒材分为 ABS 圆形棒材和 ABS 方形棒材。

图 3-9 木制窄桥模型图

图 3-10 用 ABS 板作主材的住宅模型
（武汉赛悦建筑模型设计有限公司）

图 3-11 以 ABS 板材为主材的欧式别墅模型图
（姚海 代容 郑超，指导老师：黄信）

3.1.4 泡沫

泡沫是由不溶性气体分散在液体或熔融固体中所形成的分散物质。泡沫可分为泡沫块、泡沫板和泡沫粉。在建筑模型制作中运用最多的是泡沫块和泡沫板。泡沫块可以运用锉、捏、黏合等方式做成各种形态，如山峦。泡沫板可以作为建筑模型的底座，若泡沫板表面不光滑，则可以在泡沫板表面用纸张装裱。

3.1.5 有机板

有机板分为有色有机板和透明有机板，材质挺括，视觉效果好，厚度在 1.5 ~ 5 mm 之间。有机板的厚度不同，用法也不同，例如：1.5 mm 的有机板可用于窗户玻璃模型制作；5 mm 的有机板可作为建筑墙面模型材料。有机板制作的窗户模型如图 3–12 所示。

3.1.6 金属

金属，如细铁丝（见图 3–13）、薄铁皮（见图 3–14）、铝板（见图 3–15）等，可以作为建筑模型材料。可以通过弯曲、切割、组合等方式将它们做成各种形态。例如，若干根细铁丝可以做成树干、树枝模型。

图 3–12 有机板制作的窗户模型图 （指导老师：黄信）

图 3–13 细铁丝

图 3–14 薄铁皮

图 3–15 铝板

3.1.7 建筑配景型材

建筑配景型材是根据不同比例和造型，将原材料加工成各种建筑外环境元素的材料。常用的建筑配景模型成品型材有轿车、人物、景观灯、建筑围护构件和细部构件等，如图 3–16 所示。

3.1.8 照明耗材

当建筑模型主体部分完成后，还可以在模型内部安装照明耗材，这样模型制作完成后可以实现夜景效果。照明耗材主要有二极管、白炽灯管、灯泡、插线板等，如图 3–17 至图 3–20 所示。

图 3–16 各种建筑模型成品型材

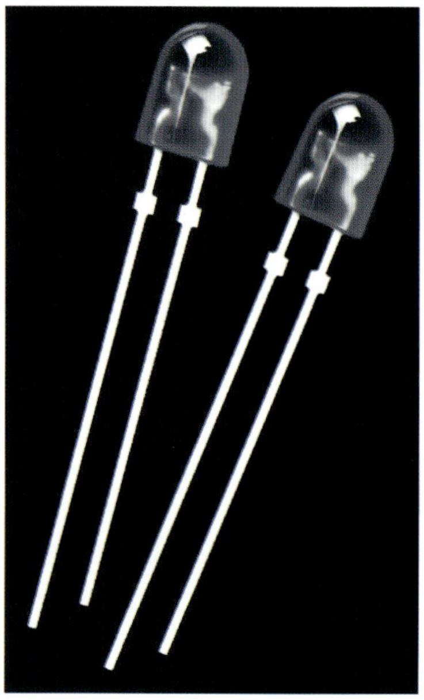

图 3–17 二极管

图 3–18 白炽灯管

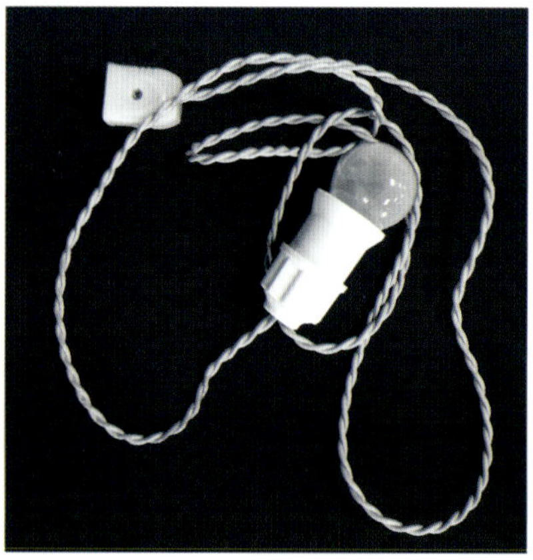

图 3–19 灯泡

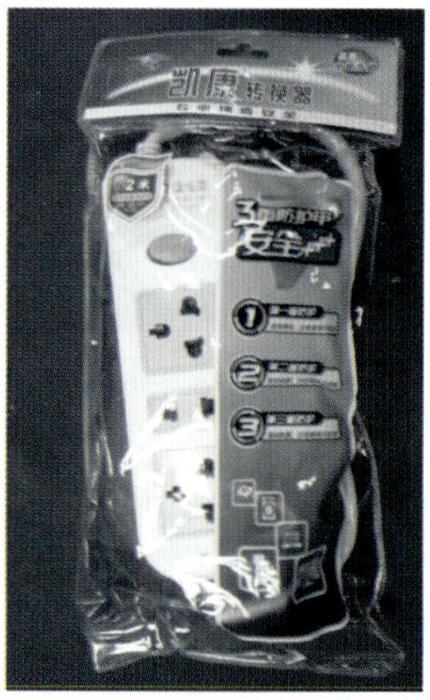

图 3–20 插线板

3.1.9 其他材料

建筑模型制作材料除以上介绍的材料外，还有油泥、高密度板、KT 板、废弃物，等等。如图 3–21 至图 3–24 所示。

图 3-21 油泥

图 3-22 高密度板制作的地形模型图
（指导老师：杨柳 费雯 罗倩倩）

图 3-23 KT 板

图 3-24 废弃的布料和纸张

3.2 常用建筑模型制作工具

常用的建筑模型制作工具分为绘图工具、切割工具、粘贴工具和打磨表现工具。

绘图工具主要用于建筑模型图纸绘制阶段。绘图工具主要有铅笔、橡皮、丁字尺、建筑模板（见图 3-25）、三角板（见图 3-26）、分规、塑料尺（见图 3-27）、钢尺（见图 3-28）、比例尺（见图 3-29）、曲线板等。

丁字尺在绘制图纸时配合绘图板使用，可结合三角板绘制特殊角度的斜线。

建筑模板用于绘制各种大小和比例的图形或家具平面。

一套三角板可绘制 15° 的整倍数的角、水平线和垂直线。

塑料尺和钢尺用于绘制直线，度量线段长度。

比例尺用于绘制建筑图纸，比例尺 = 图上尺寸 ÷ 实际尺寸。

图 3-25　建筑模板

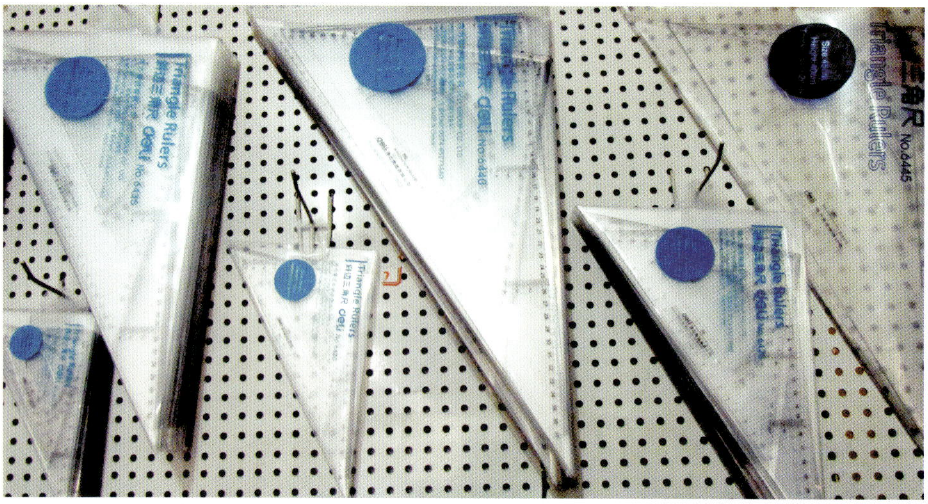

图 3-26　三角板

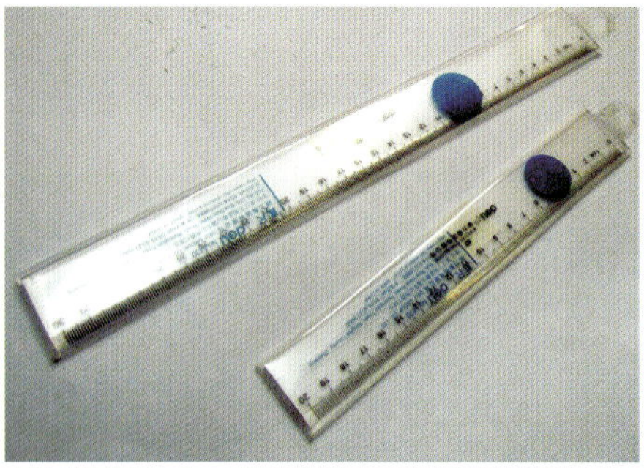

图 3-27　塑料尺

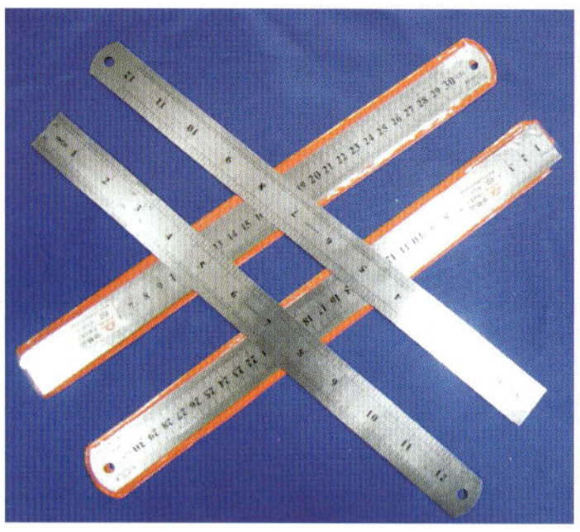

图 3-28　钢尺

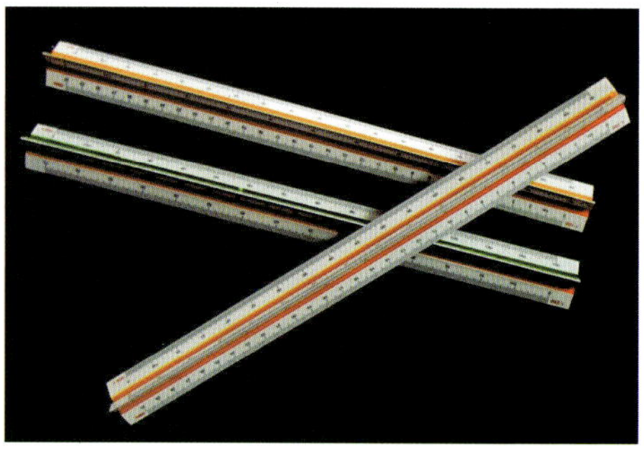

图 3-29　比例尺

切割工具是建筑模型制作的最基本的工具。切割工具分为手工切割工具和电动切割工具两大类。手工切割工具主要有裁纸刀、木刻刀、钩刀，手锯、铁锯，锉子、锤子、钳子等；电动切割工具主要有电脑激光雕刻机、电动曲线锯、台钻等。

如下：

裁纸刀(见图 3-30) 主要用于切割各种纸材，如白卡纸、波纹纸、即时贴贴纸等。

木刻刀(见图 3-31) 用于木材上的雕刻。

钩刀(见图 3-32) 主要用于切割各种塑料板材。

手锯(见图 3-33)、铁锯（见图 3-34）主要用于切割木材、塑料和金属等材料。

锉子(见图 3-35)、锤子（见图 3-36）和钳子（见图 3-37）是切割辅助工具。

电脑激光雕刻机（见图 3-38)、电动曲线锯（见图 3-39）是电动切割工具。

台钻（见图 3-40）即台式钻床，可以加工木材、高密度板等材料。

图 3-30　裁纸刀

图 3-31　木刻刀

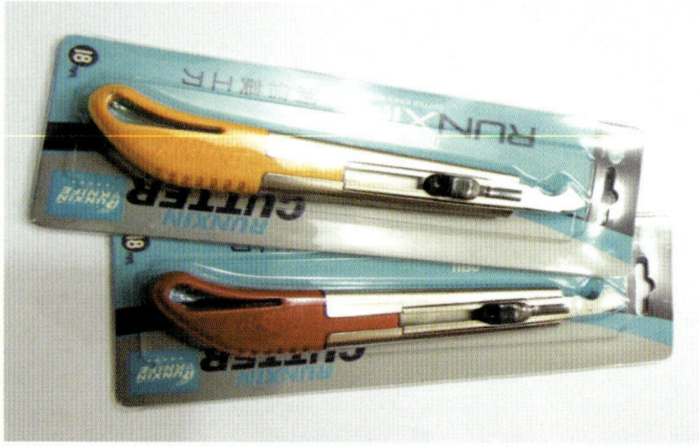

图 3-32　钩刀

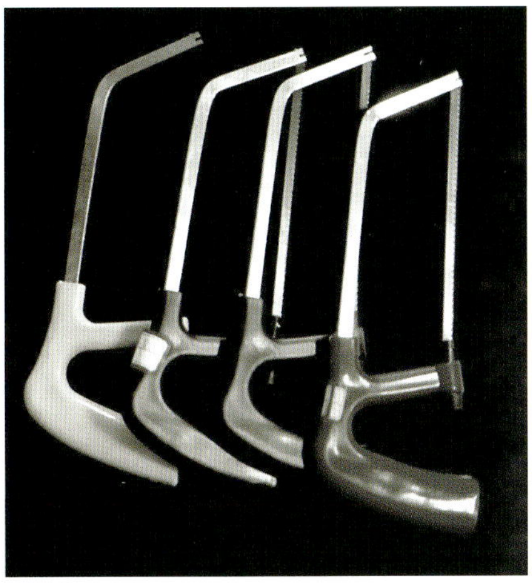

图 3-33　手锯

图 3-34　铁锯

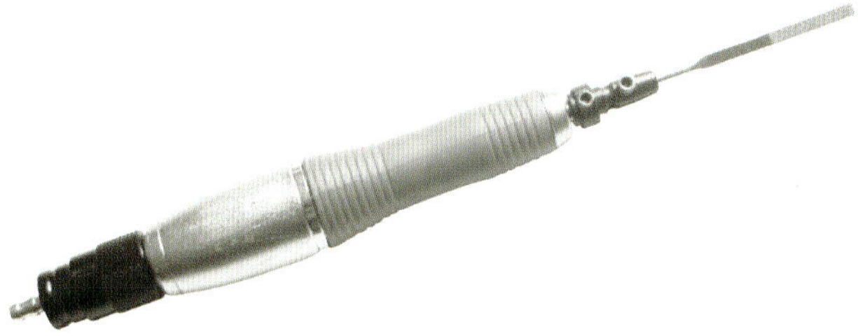

图 3-35　锉子

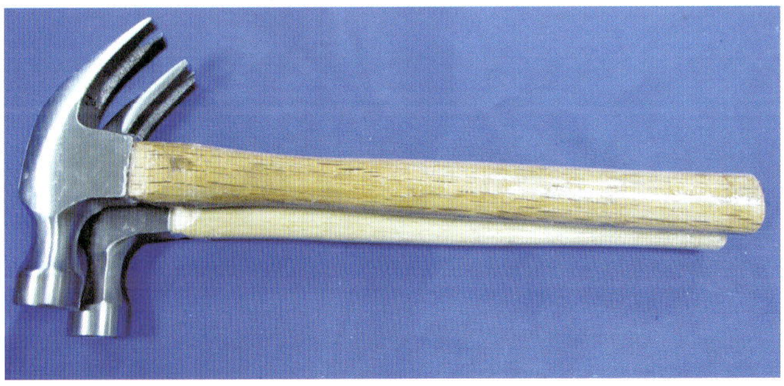

图 3-36　锤子

图 3-37　钳子

图 3-38　电脑激光雕刻机

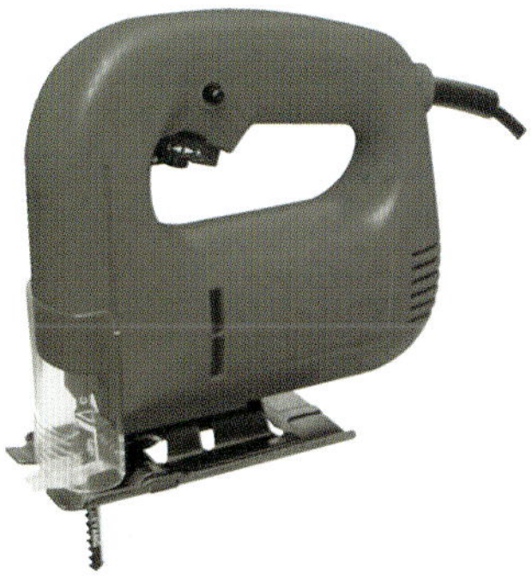

图 3-39　电动曲线锯

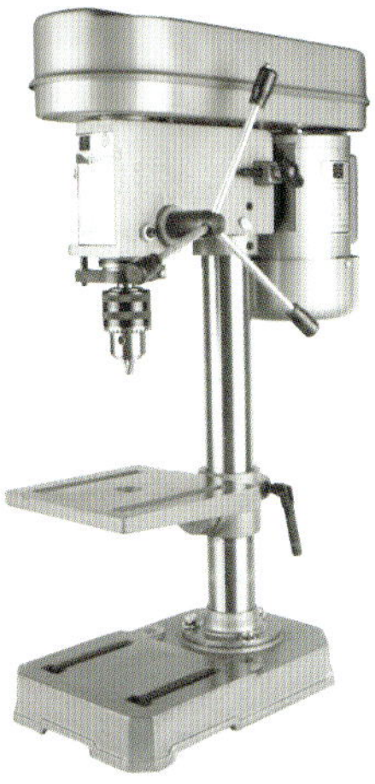

图 3-40　台钻

粘贴工具主要是指各种黏合剂，其中常用的黏合剂有 502 胶、白乳胶、UHU 胶、高效能结构 AB 胶、双面胶、透明胶等。

502 胶（见图 3-41）使用方便，瞬间黏接，在建筑模型加工中主要用于黏接塑胶、橡胶、木材等材料。

白乳胶（见图 3-42）是一种水溶性黏合剂，在建筑模型加工中主要用于黏接塑胶、橡胶、木材等材料。

UHU 胶（见图 3-43）在建筑模型加工中主要用于黏接木头、纸、塑料、纺织物、皮革、玻璃、金属、橡胶等材料。

高性能结构 AB 胶（见图 3-44）可以黏接 ABS 塑料、PVC 板、有机玻璃、陶瓷、木材等同种或异种材料。

双面胶（见图 3-45）和透明胶（见图 3-46）主要用于黏接纸材、木材等材料。

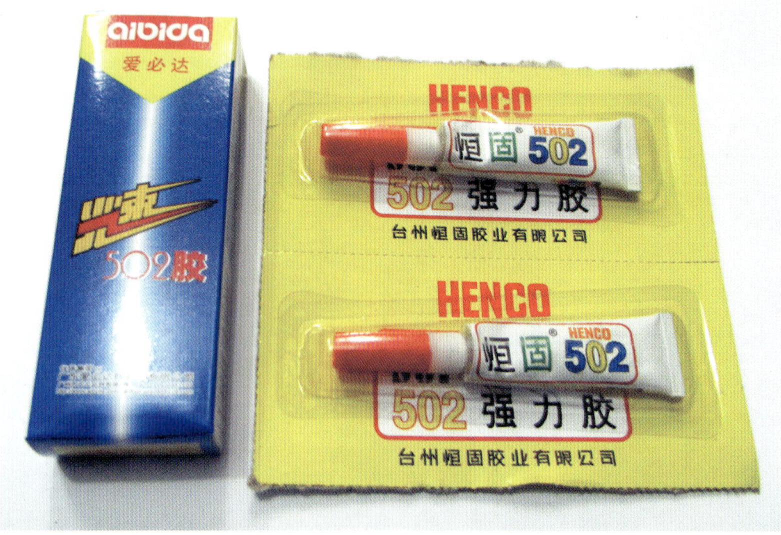

图 3-41　502 胶

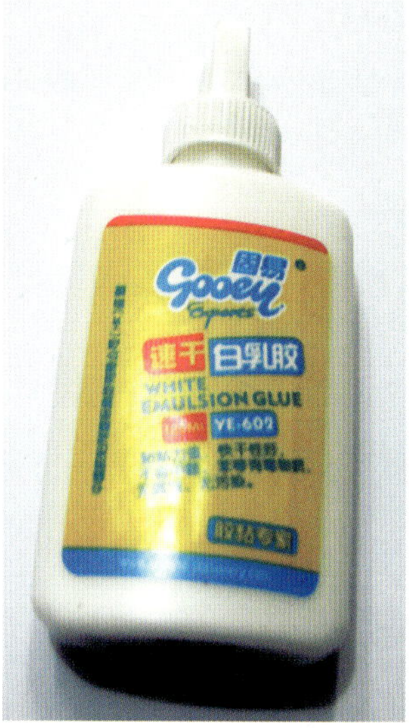

图 3-42　白乳胶

图 3-43　UHU 胶

图 3-44　高性能结构 AB 胶

图 3-45　双面胶

图 3-46　透明胶

打磨表现工具主要是指各种砂纸、颜料、喷漆等，如图 3–47 至图 3–49 所示。材料表面经过砂纸打磨后更加光滑。颜料和喷漆主要用于建筑界面的涂刷，在选择颜色时注意建筑模型各部件的色彩搭配，同时满足委托方对建筑模型色彩的要求（见图 3–50）。

优秀的建筑模型作品和常用的建筑模型工具与材料可放在陈列柜里，如图 3–51、图 3–52 所示。

图 3–47　砂纸

图 3–48　颜料

图 3–49　喷漆

图 3–50　丙烯颜料涂刷后的咖啡厅建筑墙面模型
（赵妍　周捷　刘琴，指导老师：黄信）

图 3-51　建筑模型及材料陈列柜

图 3-52　建筑模型及材料陈列柜

本章重点

根据本章内容，学会辨别各种模型材料和工具，理解建筑模型各种材料的特点，初步认识各种材料和工具的作用。

复习思考题

根据本章内容，学会辨别各种模型的材料和工具，理解建筑模型各种材料的特点，初步认识各种材料和工具的作用。

4

建筑模型制作前的准备工作

JIANZHU MOXING ZHIZUOQIAN DE ZHUNBEI GONGZUO

4.1 建筑模型的立意构思阶段

古人在写作与绘画时讲究“意在笔先”，可见构思的重要性。在建筑模型制作前对建筑模型制作进行立意构思与规划同样不可忽视，它使制作者心中有数，在模型制作过程中做到有条不紊。

由于建筑类型比较多，制作哪种类型的建筑模型是制作者首先要思考的问题，确定建筑模型类型后，制作者还应确定建筑的风格、样式、形态、材质等内容，明确建筑模型的制作深度、规模，如表 4-1 所示。

表 4-1　建筑模型构思内容举例

建筑模型构思内容	建筑类型	建筑层数	建筑风格	底座规格 / mm	制作深度	制作材料	备　注
例 1	别墅	3	欧式	500×600	展示模型	以纸材为主	3 人/组
例 2	教学楼	4	现代	600×800	标准模型	模型板	4 人/组

4. 2 建筑模型图纸准备阶段

在建筑模型立意构思完成后，制作者要开始准备建筑模型所需要的图纸，图纸的准备方法有两种。第一种方法是设计图纸。制作者根据建筑类型编写设计任务书，绘制出建筑的平面图、立面图、剖面图及效果图，并且标注尺寸，形成完整的图纸资料，这种方法任务量大，所需时间长。第二种方法是查找建筑模型图纸。将别人绘制好的建筑模型图纸、建筑模型图片收集起来为己所用。有时候所收集的图纸和图片会出现不完整的情况，模型制作者需要在已有图纸和图片的基础上将缺少的部分补充绘制出来，并且标注尺寸（图纸上的尺寸一定是建筑的实际尺寸）。总的来讲，第二种方法简便得多。图纸绘制完成后，根据模型底座尺寸确定建筑模型比例，建筑模型设计与制作的常用比例为 1∶10、1∶15、1∶20、1∶30、1∶50，也可以根据命题要求和制作的具体情形确定建筑模型比例。

4.3 建筑模型材料与工具准备阶段

在本阶段，可以根据第 3 章所讲的内容及建筑模型制作的实际需要有选择地购买模型制作的材料与工具，同时尽可能地在日常生活中发现材料并为己所用。合理地选择模型材料还需要注意材料色彩的搭配。

复习思考题

按照建筑模型制作前的三个阶段，做好建筑模型制作前的准备工作。

5

建筑模型制作实例解析

JIANZHU MOXING ZHIZUO SHILI JIEXI

5.1 纸材建筑模型制作实例解析

5.1.1 中型公共建筑模型制作实例——坡屋顶建筑模型

建筑模型制作小组人数：2 人。

建筑模型制作工具：剪刀、直尺、502 胶、双面胶、白乳胶、透明胶、小刀等。

建筑模型制作材料：透明有机板、波纹纸、木头、LED 灯、电线、PVC 板、KT 板、草皮、植物、石头等。

步骤 1： 用 SketchUp 绘制建筑三维模型。

在数字化虚拟建筑模型技术日益成熟的今天，制作三维实体模型时，可以运用先进的三维软件辅助设计。三维软件有许多，例如 3DMAX、SketchUp、Maya 等。其中 SketchUp 受到了许多建筑师和设计师的青睐，因为该软件简便易学，制作建筑模型快捷、实用、高效，也是笔者推荐的一款制作建筑实体模型时用于辅助构思的工具。

制作者可以首先运用 SketchUp 软件绘制出建筑虚拟模型，也可以直接选用 SketchUp 建筑模型图库里的建筑模型，从各个视角观察建筑形象，并且将建筑的透视图、各个立面图、顶视图导出。点击菜单栏中的文件 / 导出 / 图像命令，文件格式选择 JPG 格式，设置文件导出路径和文件名，导出文件。如图 5-1 至图 5-6 所示。

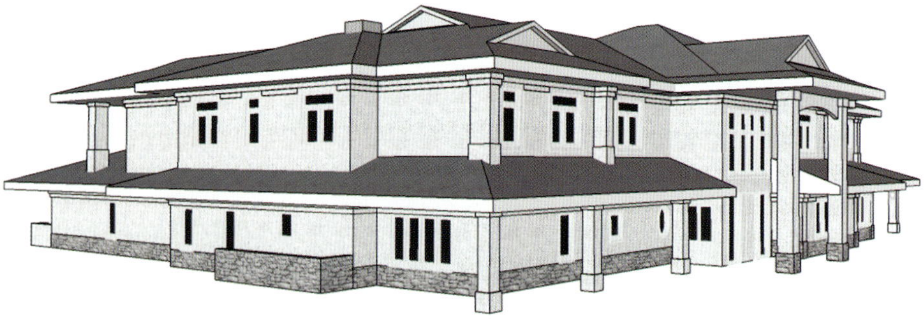

图 5-1　建筑透视图

图 5-2　建筑正立面图

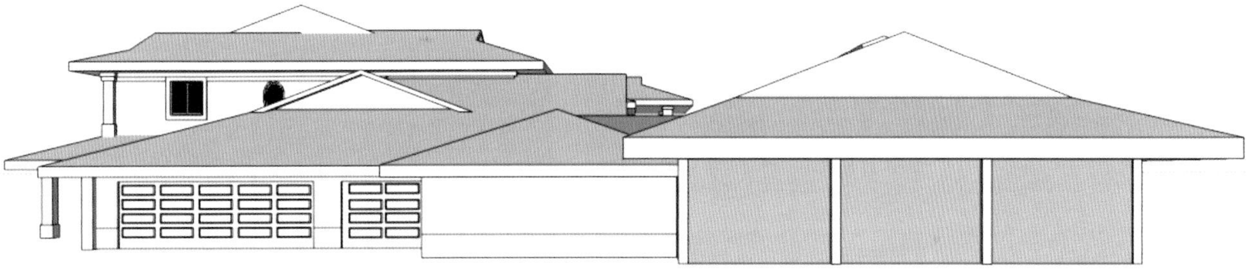

图 5-3　建筑背立面图

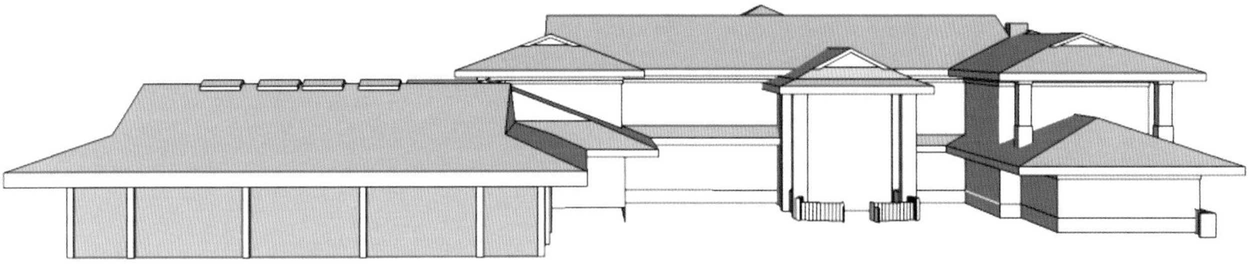

图 5-4　建筑侧立面图一

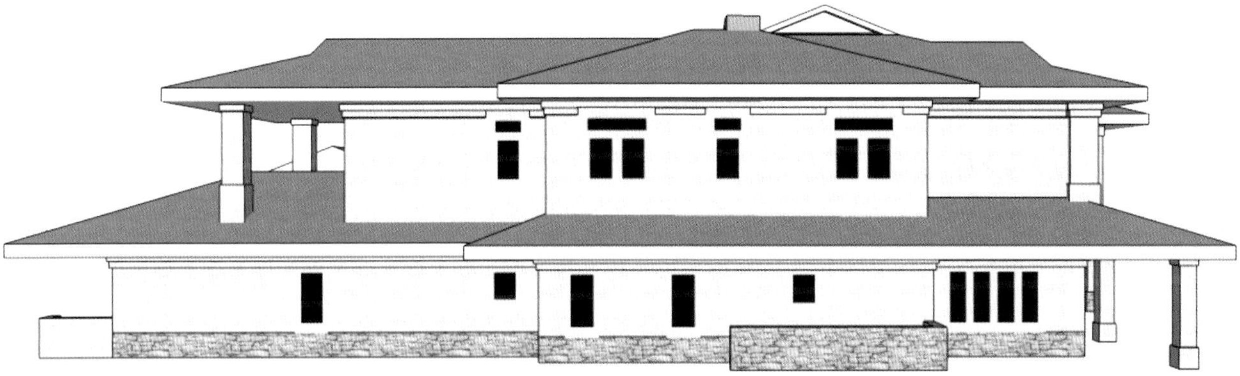

图 5-5　建筑侧立面图二

步骤 2：确定建筑各个部件的尺寸，在 AutoCAD 软件中绘制出建筑部件的分解图形。

AutoCAD 是建筑设计、室内设计中常用的软件，是建筑学及环境艺术设计专业学生必须掌握的设计软件之一。在建筑模型制作中可以运用该软件进行辅助设计。

制作者将导出的 JPG 文件打印出来，在图纸上用铅笔标注建筑各个构件、界面的实际尺寸，比如，该建筑层高 3600 mm、窗台高 900 mm 等。以此类推，将建筑各个构件、界面尺寸全部标注出来。

接着，制作者在 AutoCAD 软件中绘制出建筑各个构件、界

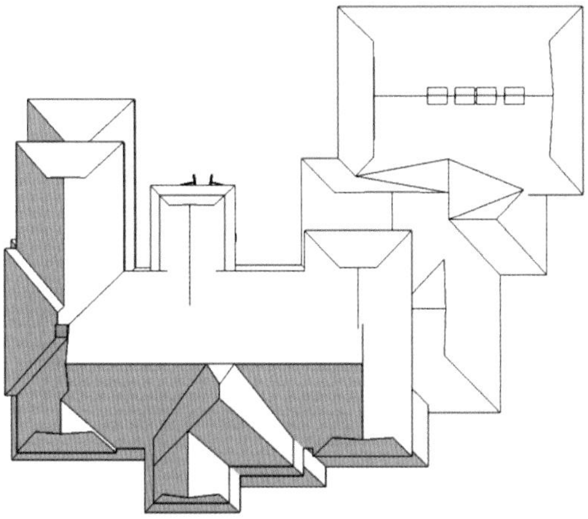

图 5-6　建筑顶视图

面的分解图形，图形尺寸为实际尺寸，如图 5-7 和图 5-8 所示，这是电脑雕刻所需要的图形文件。

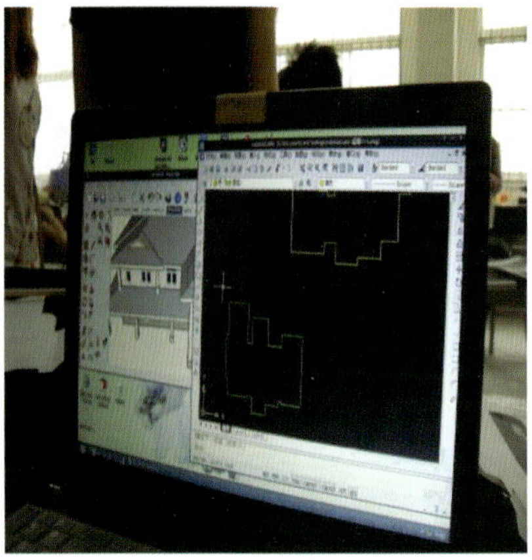

图 5-7　绘制建筑屋顶

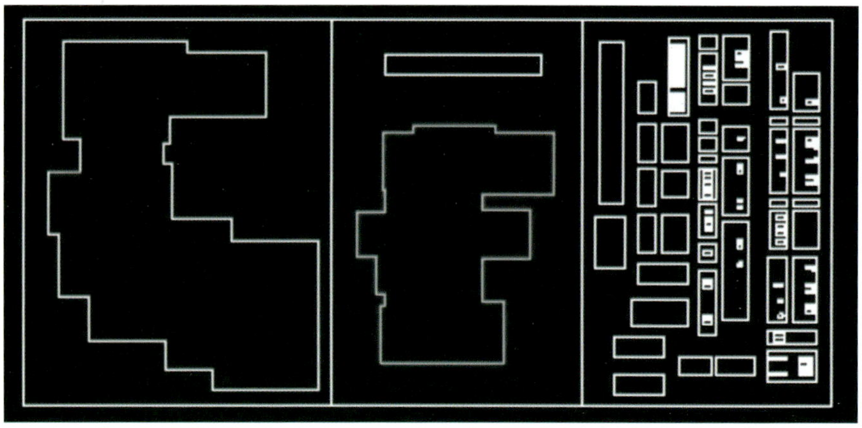

图 5-8　建筑构件和界面的分解图形

提示：如果不采用电脑雕刻模型，制作者可在图纸标注建筑部件的实际尺寸后购买材料，在材料上绘制出各个墙面和其他建筑构件模型图形，注意图形尺寸和比例，并进行切割加工。

步骤 3：雕刻建筑模型的界面。

将电脑连接电脑雕刻机，将 AutoCAD 图形文件转化为雕刻文件格式，调整图形尺寸，然后把 PVC 板放入电脑雕刻机内进行雕刻。雕刻出的模型各个部件如图 5-9 所示。

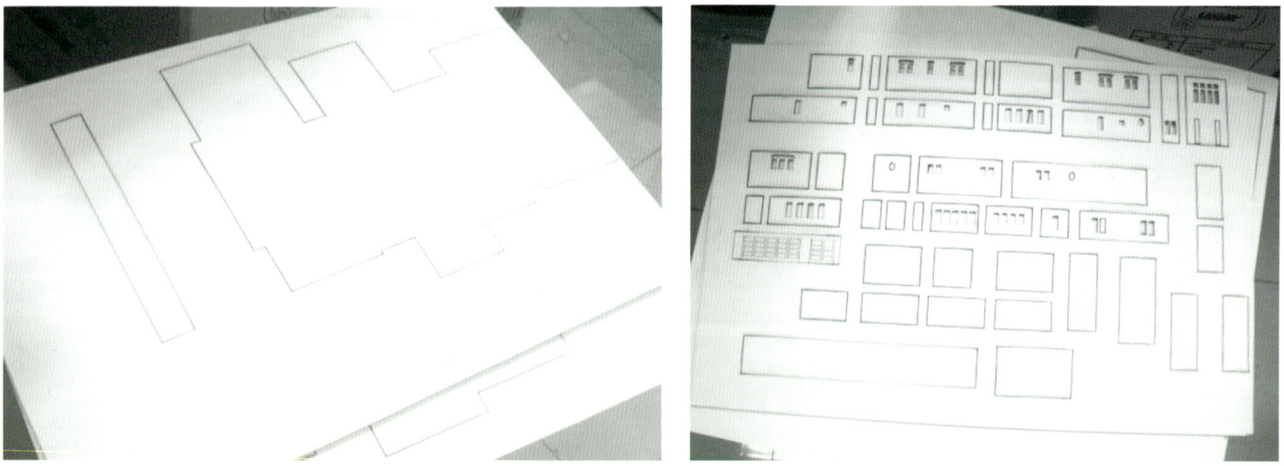

图 5-9　模型部件

提示：制作者手工切割出的建筑模型部件应尽量与电脑雕刻机切割出的图形大小、形状一致。

步骤 4：将墙体拼装粘贴好，用透明有机板制作玻璃，如图 5-10 至图5-12 所示。

图 5-10 围合建筑墙面模型

图 5-11 粘贴建筑墙面模型

图 5-12 粘贴建筑一层与二层

步骤 5：制作屋檐，用粗木条作内部支撑构件，如图 5-13 至图5-15 所示。

图 5-13　按照屋顶形状及尺寸切割瓦楞纸

图 5-14　一层屋檐的制作

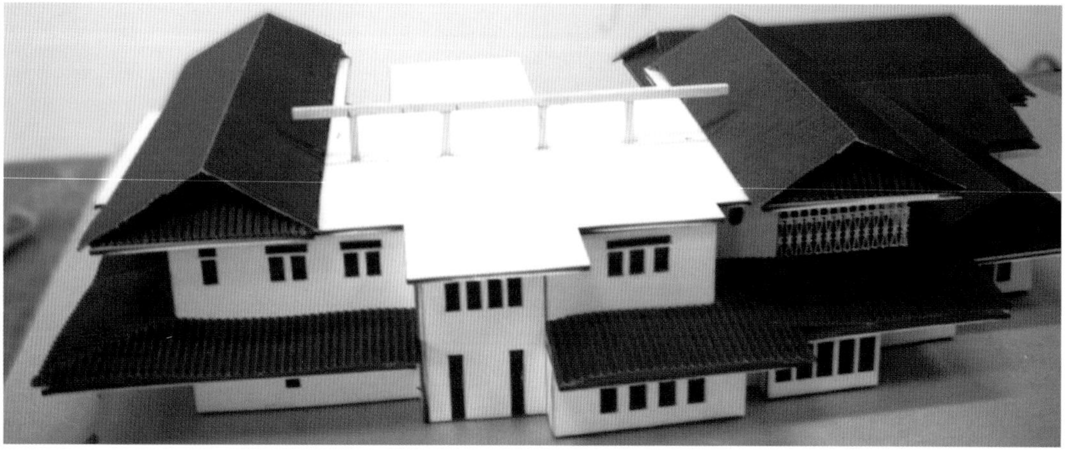

图 5-15　二层屋顶支撑构件

步骤 6：在建筑模型内部安装 LED 灯，制作夜景效果（见图 5-16）。

步骤 7：将模型粘贴到底座上，制作建筑外环境，如图 5-17 至图5-19 所示。

图 5-16　在建筑模型内部安装 LED 灯

图 5-17　建筑模型完成图

图 5-18　建筑模型外环境局部

图 5-19　白天开启灯光后的效果

（李雨蓉　江皓，指导老师：黄信）

5.1.2 小型公共建筑模型制作实例——茶室建筑概念模型

建筑模型制作成员：2 人。

模型制作材料：白卡纸、UHU 胶、模型胶、美工刀、三角板、丁字尺、草图纸、铅笔等。

图纸分析：建筑由三个部分组成，即茶室入口空间、餐饮办公空间、外部空间，由于每个空间界面设计各不相同，因此制作小组经过商议后决定每个空间模型逐一制作，最后粘贴在一起。

模型制作过程如下。

第一部分：制作茶室入口空间模型

步骤 1：首先准备模型用材，测量建筑图纸尺寸，如图 5-20、图 5-21 所示。

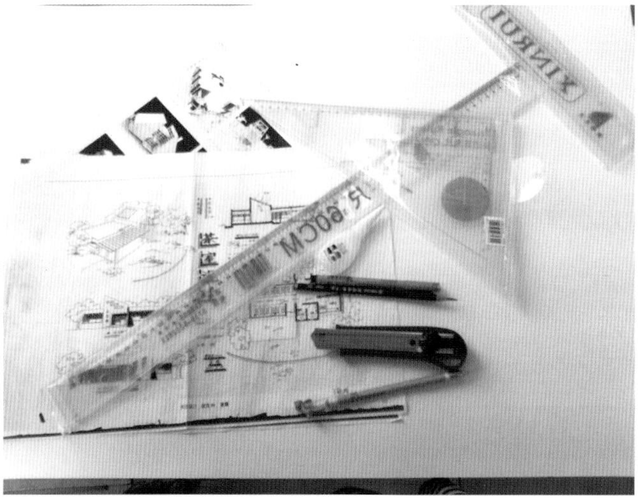

图 5-20 为模型制作所准备的图纸和工具

图 5-21 制作者正在测量图纸尺寸

步骤 2：根据图纸尺寸换算出模型尺寸，在白卡纸上将模型图样画出来。模型图样中的门窗洞口可以用美工刀挖切出来，如图 5-22 所示。

步骤 3：采用步骤 2 的方法，将茶室入口的模型图样制作完成，用 UHU 胶将茶室入口的空间界面粘贴起来，完成茶室入口空间的模型制作，如图 5-23、图 5-24 所示。

图 5-22 制作者正在挖切屋顶天窗模型

图 5-23 茶室入口的概念模型

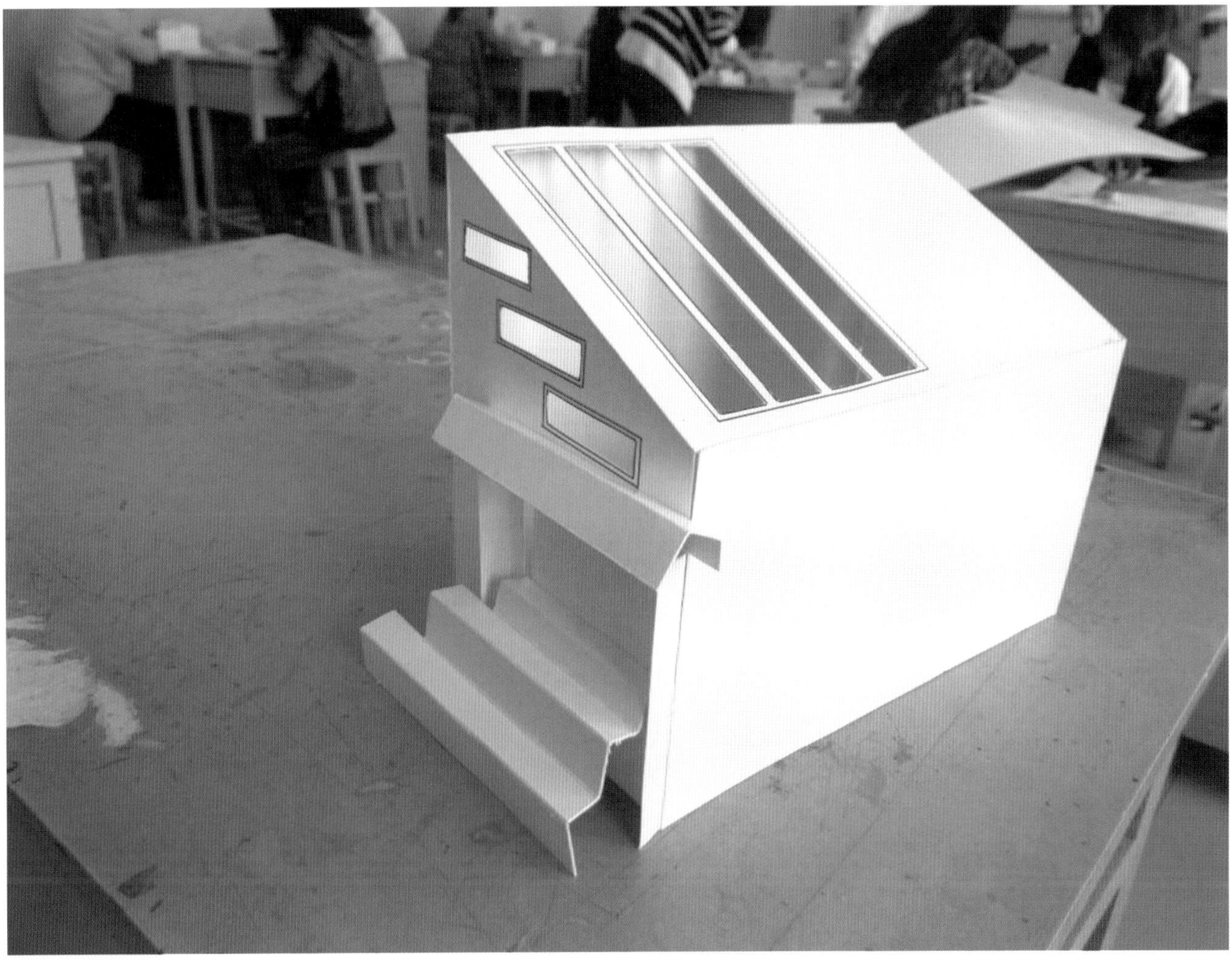

图 5-24　茶室入口空间模型完成图

第二部分：制作餐饮办公空间模型

步骤 4：根据步骤 2 的方法，将餐饮空间的界面绘制出来，并用美工刀切挖出窗洞，如图 5-25 至图 5-28 所示。

图 5-25　制作者正在绘制某墙面窗户的模型图样

图 5-26　画完后的某墙面上的窗户模型图样

图 5-27　制作者正在挖切窗户模型

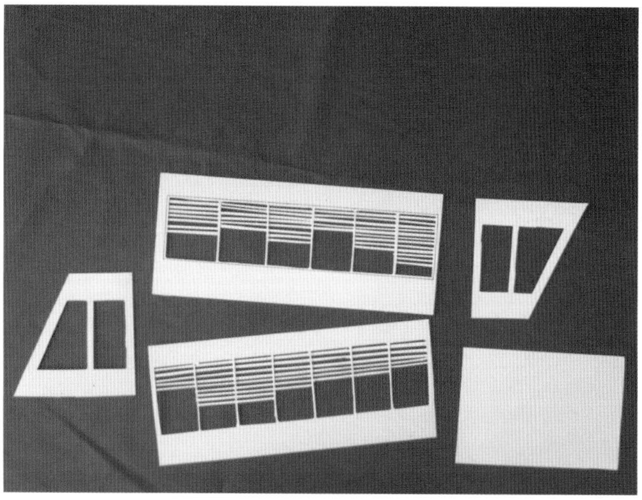

图 5-28　餐饮空间界面模型

步骤 5：依照图纸，将餐饮空间的界面粘贴围合在一起，形成封闭的空间，然后和茶室入口空间模型粘贴在一起，如图 5-29、图 5-30 所示。

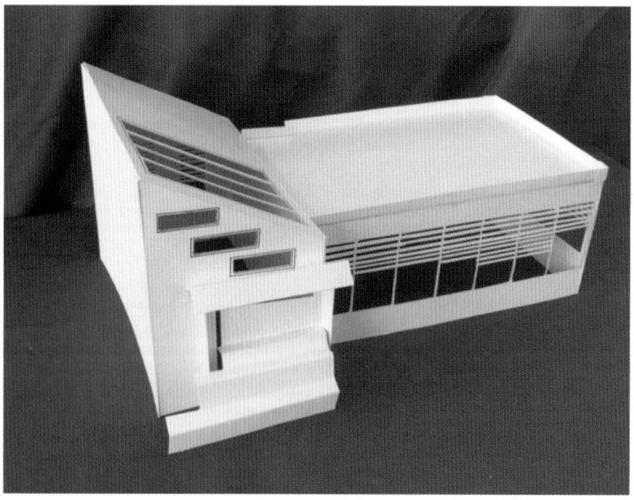

图 5-29　餐饮空间和茶室入口空间组合后的模型效果图之一

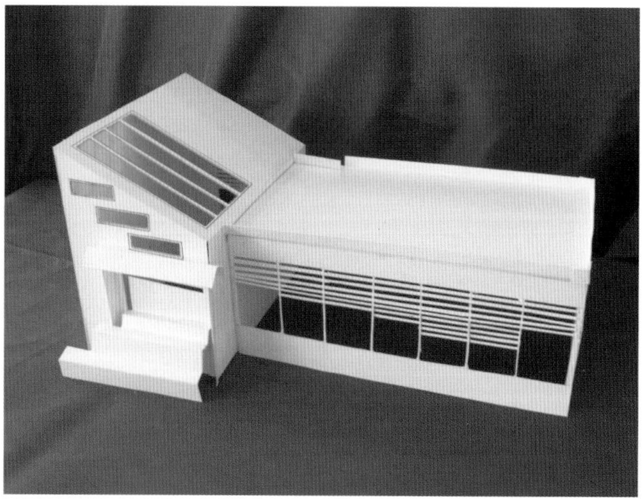

图 5-30　餐饮空间和茶室入口空间组合后的模型效果图之二

步骤 6：参照步骤 4 至步骤 5 的方法，将建筑的办公空间界面制作出来，围合成封闭的空间，和建筑其他空间模型组合起来，如图 5-31 所示。

第三部分：制作建筑外部空间——连廊

步骤 7：根据图纸将白卡纸剪切折叠粘贴成室外连廊，如图 5-32、图 5-33 所示。

步骤 8：将模型粘贴整理后，完成茶室概念模型的制作，如图 5-34 至图 5-36 所示。

如图 5-37 所示，这是另一组学生完成的茶室概念模型。

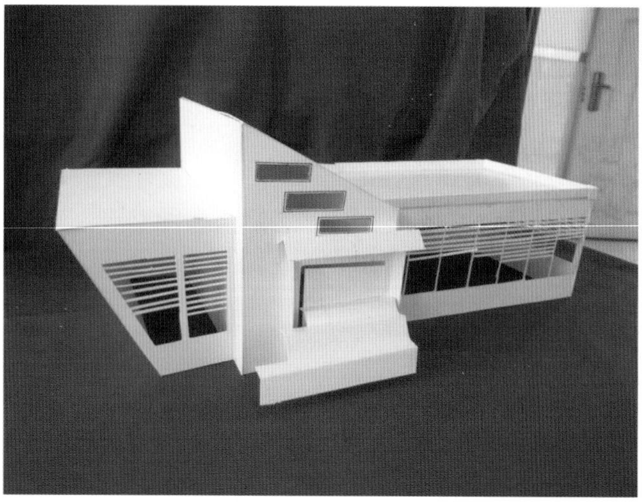

图 5-31　建筑主体部分模型效果

图 5-32　建筑外部的连廊模型效果图之一

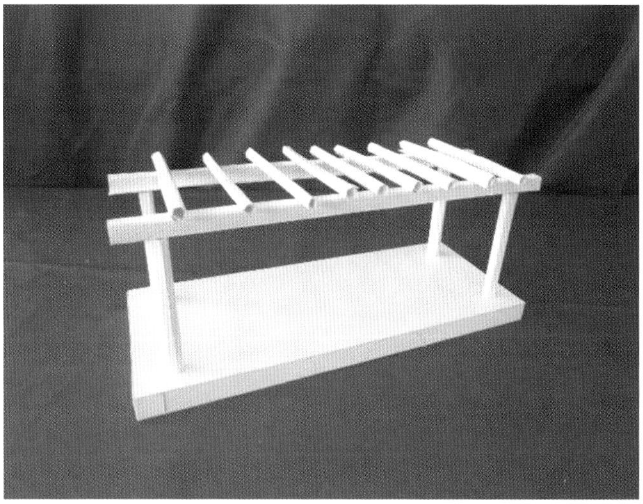

图 5-33　建筑外部的连廊模型效果图之二

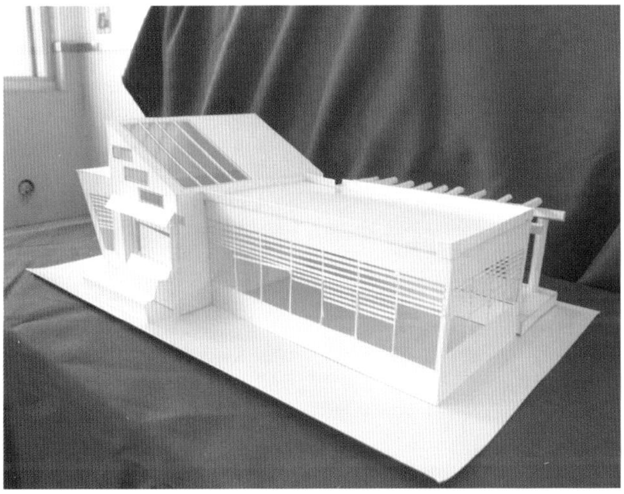

图 5-34　茶室概念模型效果图之一
（廖筱月　王颖娟，指导老师：黄信）

图 5-35　茶室概念模型效果图之二
（廖筱月　王颖娟，指导老师：黄信）

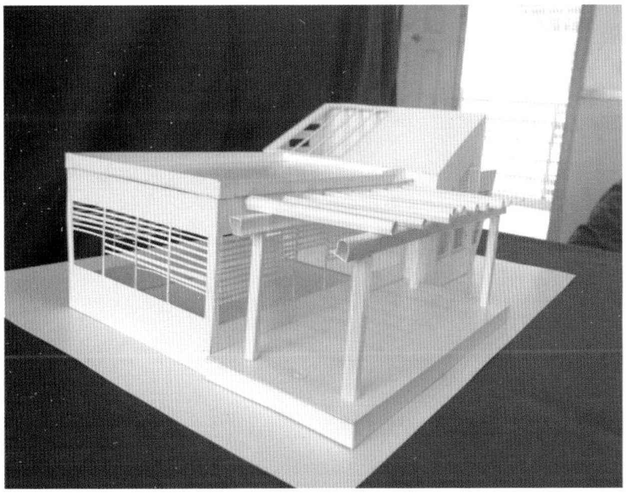

图 5-36　茶室概念模型效果图之三
（廖筱月　王颖娟，指导老师：黄信）

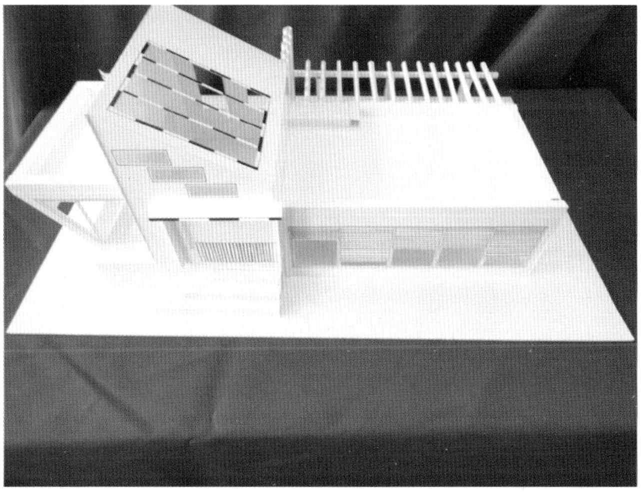

图 5-37　茶室概念模型效果图之四
（方安吉　杜雅君，指导老师：黄信）

5.1.3 纸材建筑模型赏析

如图 5-38 至图 5-40 所示：这件别墅模型作品主材运用了多种纸材，其中有白板纸、瓦楞纸、墙纸和底纹纸。白板纸较厚，是制作建筑墙面模型较好的材料，起到围合建筑空间的作用；瓦楞纸作为屋顶材料；墙纸和底纹纸粘贴在白板纸上，起到装饰作用。模型辅材主要包括各种成品型材，其中有树木、绿化带、仿真草皮等。

从艺术美的角度而言，该模型建筑主体突出，视觉冲击力强，整个模型采用对称式构图，制作精细，整体性强，不足之处在于建筑门前没有道路规划。

如图 5-41 所示：这件模型作品采用白卡纸、底纹纸制作，白卡纸以其硬度高、材质挺括而受到模型制作者的青睐。底纹纸装饰性强，色彩搭配比较柔和。

如图 5-42 所示：这件模型作品以白卡纸为主，配以 PVC 棒材制作，整个模型以白色为主色调，对窗框进行装饰，整件作品显得十分精致。

图 5-38 纸材建筑模型效果图之一

6

室内空间模型制作

SHINEI KONGJIAN MOXING ZHIZUO

室内空间模型的范畴比较广泛，主要包括居住空间模型、办公空间模型、餐饮空间模型、展厅空间模型、商业空间模型、娱乐空间模型、医疗空间模型等。这些模型主要反映建筑内部空间的色彩、分隔形式、装饰风格与特色、装饰材料的运用、家具的布局、室内植物的摆设等，让人们身临其境，如图 6-1、图 6-2 所示。

图 6-1 居住空间模型图

图 6-2 办公空间模型图

6.1 室内空间模型制作方法

在制作室内空间模型前，首先要绘制好室内空间的图纸；然后根据图纸上的尺寸，按照合理的比例计算出模型的尺寸；紧接着确定模型制作的材料和加工方式；最后，进行制作。

室内的家具、厨具、电器、绿化等要素可以选择合适比例的型材，也可以根据一定的比例进行制作。在制作室内的软装饰模型时，注意色彩、风格与室内环境的统一。

如图 6–3 至图 6–5 所示，这是为纪念建党 90 周年所设计的展厅，整个展厅开间 15 m，进深 12.6 m，展厅面积 189 m^2。展厅模型采用 1 ∶ 30 的比例，模型材料主要有玻璃胶片、PVC 棒材、泡沫板、波纹纸、模型板。整个展厅采用红色作为主色调，用文字和图片的形式反映中国共产党在各个历史时期涌现出的杰出人物，从而突出主题。

图 6–3　展厅空间模型图之一
（雷恒　张欢　刘莹）

图 6–4　展厅空间模型图之二
（雷恒　张欢　刘莹）

图 6–5　展厅空间模型图之三
（雷恒　张欢　刘莹）

6.2 室内空间模型赏析

图 6-6 中的展厅模型是纪念建党 90 周年所设计的另一个展厅的方案，模型作品采用黄色和红色作为主色调，整个展厅流线从厅外延伸至厅内，有一定的视觉指引性。入口的造型也颇具创意，主题鲜明。

图 6-7 中的茶餐厅的空间功能分区明确，色彩统一。

图 6-8 反映的是某化妆品牌的展示空间，色彩清新淡雅，别具特色。

图 6-9 反映的是某商品的柜台展示空间，柜台的造型与整个空间的形体十分和谐。

图 6-10 反映的是某公共建筑室内空间模型，室内空间的楼层、隔墙、家具的空间划分清晰可见，主要模型材料为密度板和 PVC 板。

图 6-6 展厅空间模型图之四 （徐昌 罗玲）

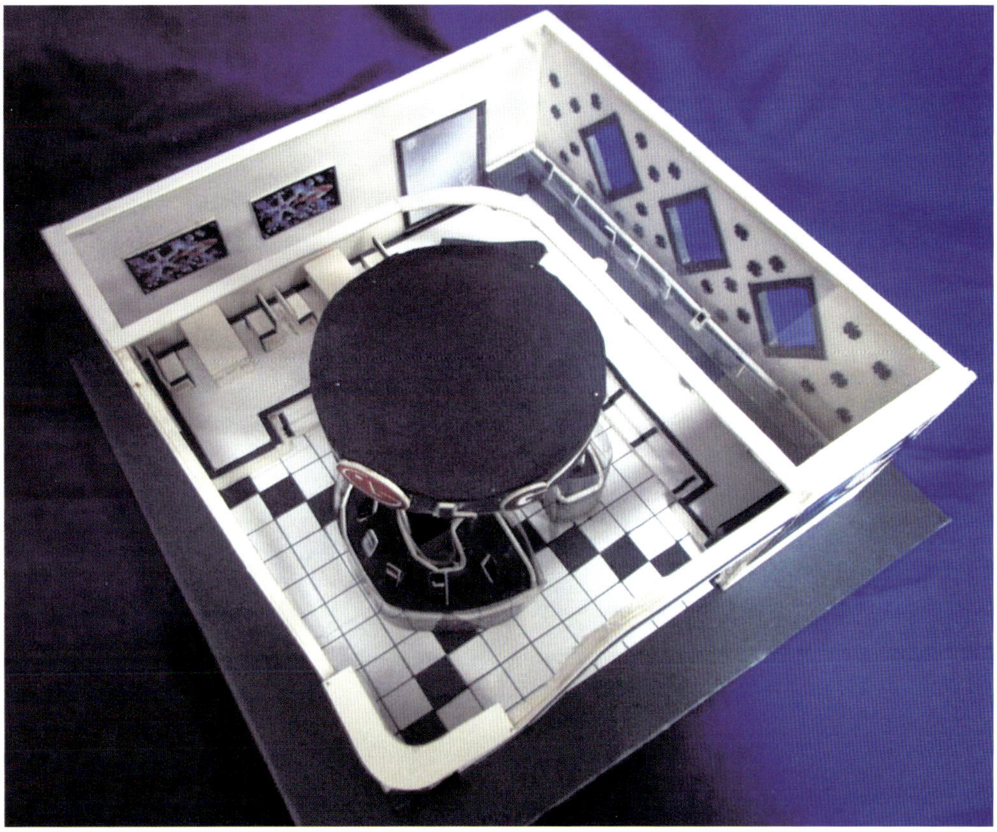

图 6–7　茶餐厅空间模型

图 6–8　某化妆品牌展示空间模型

图 6-9　某商品柜台展示空间模型

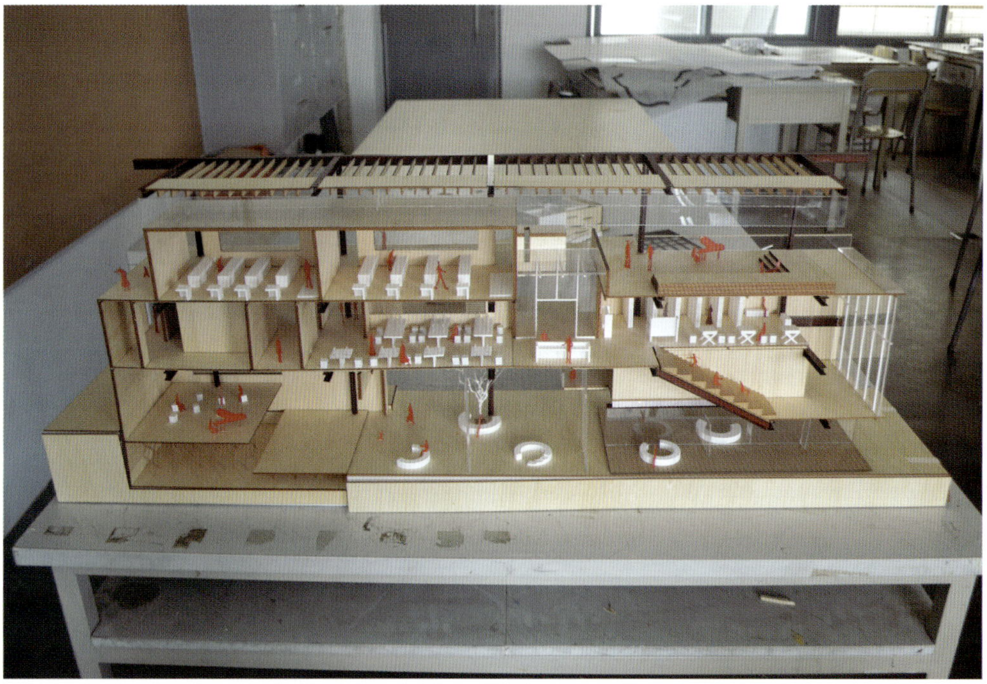

图 6-10　某公共建筑室内空间模型

复习思考题

请收集室内空间模型 10 张，思考模型的制作方法，评价模型优缺点。

7

建筑外环境模型制作

JIANZHU WAIHUANJING MOXING ZHIZUO

在建筑模型的表现中，为了让建筑模型处于一个较为真实的环境中，制作者往往在建筑模型周围加上水体、道路、绿化、景观设施等元素，这些元素形成了建筑外环境。合理有序的建筑外环境可以进一步完善建筑方案的表达，增加视觉层次感。

7.1 模型底座制作

在制作建筑模型外环境之初，要确定模型底座规格和材料。

7.1.1 模型底座规格的确定

在课堂教学中，教师一般会规定模型制作的底座规格或者模型制作比例，当已知建筑模型比例时，大家可以根据以下公式计算模型尺寸：

模型尺寸 = 实际尺寸 / 比例尺

例如某一建筑的实际高度为 4 200 mm,模型制作的比例为 1∶30，运用以上公式得出以下结果：

模型尺寸 =4 200 mm/30=140 mm

建筑模型高度为 140 mm。

模型尺寸确定后，根据建筑外环境制作的繁简程度确定底座规格。

如采用 CAD 建筑图纸绘制，可根据要求将总平面绘制并打印出来，打印出的图纸幅面即为模型底座尺寸。

7.1.2 模型底座材料

建筑模型公司沙盘模型中的底盘主要由底托和附层组成。一般来说，底托根据使用材料可分为木质底托、发泡塑料底托、塑料底托、石膏底托、复合底托。附层是附着在底托上的涂层，是直接表现场景模型的地面部分。石膏是表现地面部分的首选附层材料。

目前市面上的模型底座材料有厚木板、厚纸板、KT 板、泡沫板、复合板、铝塑板、有机板、大芯板、夹板等。学生模型作品底座可选择泡沫板、木板、密度板和 KT 板。

1. 泡沫板

在建筑模型实践课中，泡沫板是学生制作模型常用的材料，厚度为 20 mm~30 mm，具有轻便、易加工、表面空隙率大等特点，选用该种材料作为模型底座，材料表面需装裱底纹纸，如图 7–1 所示。

2. 木板

木板因其具有自然的纹理和高硬度等特点而常常被用在模型制作中。木板既可以作为建筑模型的主材，也可以作为建筑模型的底座。木材硬度高，纯手工加工较困难，故常常结合电锯、空压机、雕刻机进行加工。若采用木材作为底座，建议建筑模型部分也才用木材，整件作品整体感强，如图 7–2 所示。

图 7–1　聚苯乙烯泡沫板

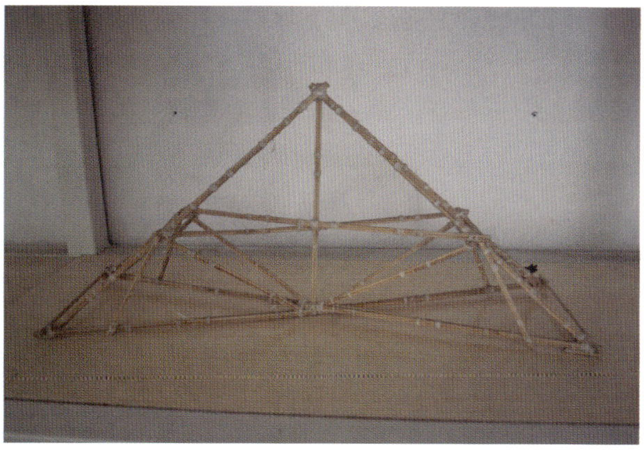

图 7–2　用木芯板为底座的概念建筑模型
（深圳大学建筑与城市规划学院学生作品）

3. 密度板

密度板是以木质纤维或其他植物纤维为原料，添加脲醛树脂或其他适用的胶黏剂制成的人造板材。该材料表面平整、材质均匀。在建筑模型制作中，往往采用雕刻机切割或者雕刻密度板，切割或雕刻时注意调整雕刻参数，激光雕刻机的激光头与密度板之间的垂直距离应适当，确保密度板的雕刻效果理想，如图 7–3 所示。

4. KT 板

KT 板是一种由 PS 颗粒经过发泡生成板芯，经过表面覆膜压合而成的一种新型材料，板体挺括、轻盈、不易变质、易于加工。在用于建筑模型底座时，KT 板上的模型不宜过重，建议在制作纸材概念模型时可使用 KT 板作为底座，如图 7–4 所示。

图 7–3　用密度板为底座的规划模型
（深圳大学建筑与城市规划学院学生作品）

图 7–4　用 KT 板为底座的建筑模型
（深圳大学建筑与城市规划学院学生作品）

7.2 水面模型制作

在建筑外环境设计中，戏水池、喷泉、湖面和海面的设计是十分常见的，它们不仅可以起到改善和调节小气候的作用，而且也是人们的休闲之所。在建筑外环境模型设计和制作中，水面模型设计与制作是必不可少的。

图 7-5 水面模型
(熊怡 聂晶)

7.2.1 戏水池制作

如图 7-5 所示，建筑的一侧有一水池，水池的造型有几何形和自由形，具体的面积及形态可参考建筑体量设计，图 7-5 中采用蓝色卡纸作为水面材料，在底纹纸上面铺设透明 PVC 胶板，形成水面效果。

7.2.2 喷泉制作

如图 7-6 所示，景观中心区是一个小型喷泉，采用棉花制作，将一小撮棉花揉成喷水形态，突出反映喷泉的水从喷水口喷出时的景象。在喷水周围用蓝色底纹纸做出水面效果，喷泉、广场砖、绿化和景观节点周围的步道采用轴线对称布局的方式，形成综合的模型表现形态，如图 7-7 所示。

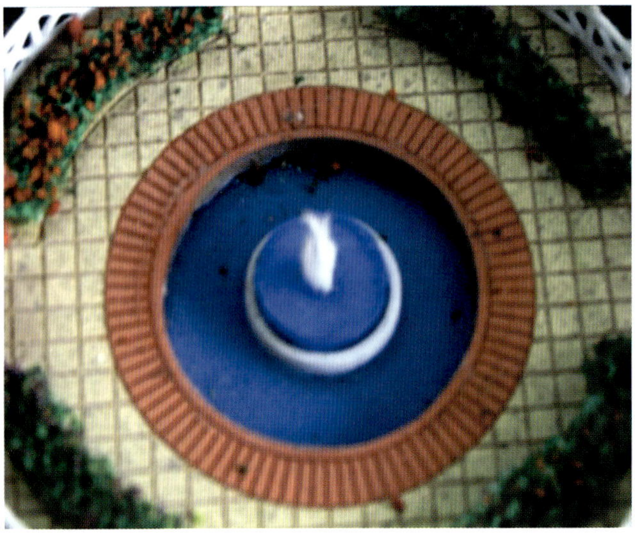

图 7-6 休闲广场中心的喷泉效果

图 7-7 喷泉景观效果图

7.2.3 湖面 / 海面制作

如图 7-8 所示，制作者将蓝色底纹纸放在水面区域内，然后将波纹纸放在底纹纸上，在水面的驳岸处和水中央摆放一些小石子，在光影的映衬下水面的效果凸显出来。图 7-9 所示是一个海边欧式别墅建筑模型，海面采用了丙烯颜料制作，制作时驳岸的海水可采用深蓝色，远处的海水色彩可采用浅蓝色，注意色彩间的过渡。

图 7–8　波纹纸、蓝色颜料、小石子制作的水面
（涂嘉　颜雪莹　陈思，指导教师：曹喆）

图 7–9　瓦楞纸所制作的屋顶建筑模型
（张洋　黄琴　芦智，指导教师：黄信）

7.3 道路模型制作

在城市道路设计中，道路分为城市主干道、城市次干道、快速路、支路等；在居住区规划设计中，道路又分为居住区级道路、居住小区级道路、组团级道路、宅前路等。虽然道路类型较多，道路因级别不同其宽度也不尽相同，但道路模型制作的材料和方法有章可循。

7.3.1　城市主 / 次干道制作

城市主次干道常常位于大型建筑物四周，一般情况下车行道可以选择锡纸制作，如图 7–7 所示。在制作的时候注意车行道的宽度，一般双车道宽度为 7 米，城市主次干道上应有人行横道线和车道线，人行横道线可用模型板制作，每一个人行横道线的长度和宽度应一致。车道线之间的距离相等，如图 7–10 所示。有时考虑到模型制作的整体性，底座材料可以用于建筑周边的主要道路模型，此时利用行道树将主要道路的形态分隔出来，如图 7–11 所示。

图 7–10　主干道及其街景

图 7–11　底座材料用于建筑周边的主干道

7.3.2 景观道路制作

在滨江景观带中常常会设计弯曲的景观步道，在景观步道模型制作中，常常用卡纸表现。操作步骤是：首先将景观步道 CAD 图纸绘制出来，然后将准备好的卡纸放入雕刻机工作区内，最后设置雕刻参数将步道切割出来，粘贴在模型底座中景观步道相应的位置，如图 7–12 所示。

在戏水池中，为了连接戏水池两岸的道路，在水面上可以制作过道，模型材料为木材、模型板均可。过道的宽度应考虑至少 2 人能并行通过，过道的形态应具有视觉美感，如图 7–13 所示。

图 7–12　运用卡纸制作景观小路

图 7–13　水面上的木质过道

7.3.3 小区道路制作

在房地产高速发展的今天，居住区小区规划模型作为一种销售手段在售楼部中常常可以看到。小区规划包括小区道路的规划。在小区道路模型制作中，常用的材料是 ABS 板，在 ABS 板上雕刻出道路材质纹理和尺寸，喷绘出材料的色彩，形成高仿真的小区道路模型，如图 7–14 所示。小区的道路制作也可以利用底座的材料，在外环境制作时预留出道路，如图 7–15 所示。

图 7–14　别墅区内的道路模型

图 7–15　居住区内的道路模型

7.4
绿化模型制作

7.4.1 草坪制作

草坪可以用草坪纸和绿地粉制作。草坪纸在铺装的时候要求平整。绿地粉制作草坪时可以参考图 7–16 至图 7–19 的方法。黏结材料可以用白乳胶或双面胶。

图 7–16 将白乳胶平涂在制作草坪的区域

图 7–17 将绿地粉抹在白乳胶上

图 7–18 边角的区域需均匀涂抹

图 7–19 草坪制作完成，为制作草坪上的步道做准备

7.4.2 绿篱制作

绿篱在公园中主要起着分隔空间和遮阴的作用，有时也可以作为游戏的空间。如图 7–20 所示，

绿篱的布局形成迷宫。绿篱模型可以采用型材，型材可以剪切，粘接出长短不一的绿篱形态。制作时可以结合具体的景观环境设计。

图 7-20　绿篱制作的“迷宫”

7.4.3　树丛制作

绿化模型制作在建筑模型外环境制作中是必不可少的。绿化分为植物的种植、绿化带的设置等。绿化不是孤立存在的，它可以和建筑小品、设施、步道、花卉一起有机地组合成各种室外活动空间。

植物的种植方式主要有孤植、对植、列植、丛植、群植等。如图 7-21 所示，绿色的树木采用列植的方式。如图 7-22 所示，大小不一的树木种植在一起，形成了一个组群，这种种植方式叫作群植。

在日常的建筑外环境中，水体、道路、植物等建筑外环境的要素往往会综合运用，结合景观设计中的节点设计、景观轴线设计等方式，形成优美的视觉景观效果，如图 7-23 和图 7-24 所示。

图 7-21　用树型材、绿地粉制作的园林绿化

图 7-22　植物的丛植

图 7-23　建筑外环境模型一

图 7-24　建筑外环境模型二

7.4 户外设施模型制作

常见的户外设施有灯具和座椅，在模型制作时可以采用型材，根据适当的比例选用。如图 7–25 所示，户外景观灯在夜景中效果明显。如图 7–26 所示，户外的沙滩躺椅可以增添悠闲的度假气氛。

图 7–25　户外灯光夜景模型

图 7–26　躺椅模型应用
（张冰梅　徐静姝，指导教师：张扬）

复习思考题

制作一个休闲广场的模型，在模型中包含道路、水面、绿化等要素。底座材料为木材或泡沫板。

8

建筑模型作品欣赏

JIANZHU MOXING ZUOPIN XINSHANG

8.1 学生建筑模型作品欣赏

图 8-1 中的建筑模型主要采用白卡纸、色卡纸、PVC 棒材、波纹纸、泡沫板、绿化成品型材制作。模型整体性好，色彩搭配统一。

图 8-2 中的建筑模型主要采用有机板、波纹纸、各种树型材、绿地粉、锡纸等材料制作，整体感强。

图 8-3 中的建筑模型主要采用纸板、墙纸、瓦楞纸、木板、砂石和各种成品型材制作，哥特式别墅坐落于海滩边，可以感受异国风情。

图 8-1　红顶别墅模型图

（李钦　龙雪妮　郑志强　何茜，指导老师：黄信）

图 8-2 有机板建筑模型图

图 8-3 哥特式别墅模型图
(张洋 黄琴 芦智，指导老师：黄信)

图 8-4、图 8-5 是学生毕业设计作品，采用单一色彩的表现形式，是通过对云南梯田的形态分析和对“窑洞”这一形态设计元素的研究，加上 “蜂巢” 元素提炼设计出的建筑形象。

图 8-6、图 8-7 中的别墅建筑模型整体性较强，色彩搭配较合理，道路和水池的形态及空间关系欠妥。

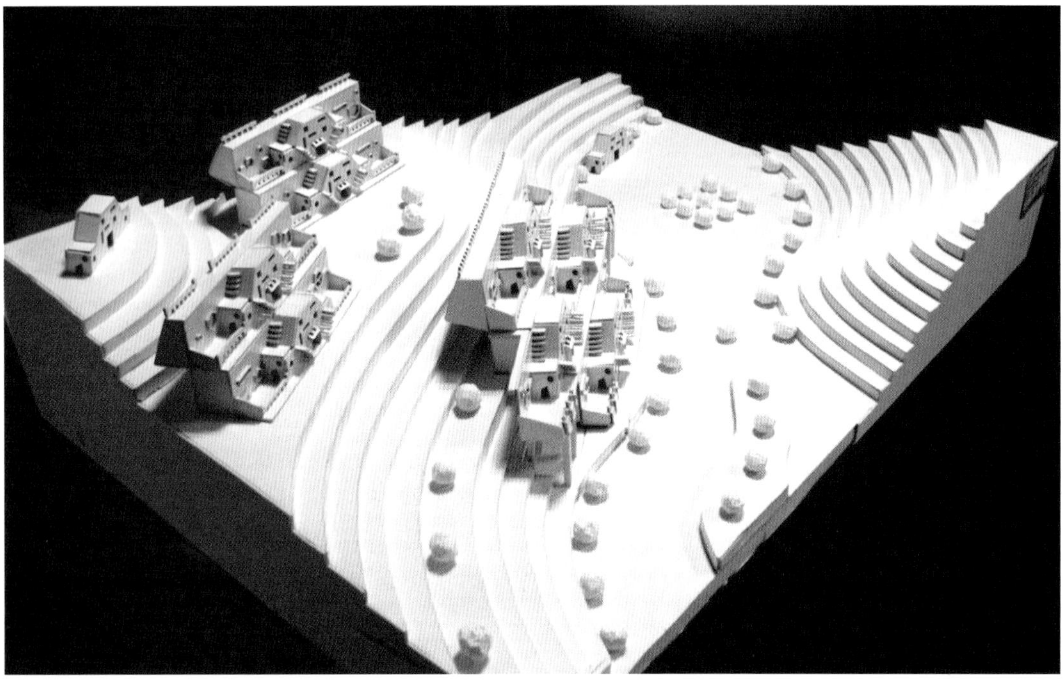

图 8-4 现代新农村建筑模型效果图之一
(马珍 骆欢 陈凤莲 王璟，指导老师:兰鹏)

图 8-5 现代新农村建筑模型效果图之二
(马珍 骆欢 陈凤莲 王璟，指导老师:兰鹏)

图 8-6　某建筑模型效果图之一（柯媛　胡月　陈星欣　李小庆）

图 8-7　某建筑模型效果图之二（柯媛　胡月　陈星欣　李小庆）

图 8-8 中的园林建筑景观模型主要采用木板、ABS 板、各种绿化成品型材和建筑构件成品型材、波纹纸、小石子制作。色彩搭配统一，有一定的园林意境，石路形态还可以作进一步调整。

图 8-9 是儿童房室内空间模型，采用布娃娃、小尺寸家具、摆件、富有童趣的装饰烘托空间气氛。

图 8-8　园林建筑景观模型图
（李玉婷　芦依然　向雯闻，指导老师:黄信）

图 8-9　室内空间模型图
（陈授言　唐倩　胡梦露）

图 8-10、图 8-11 是某公共建筑的三维模型，建筑模型整体感强，层次丰富，有一定视觉冲击力。

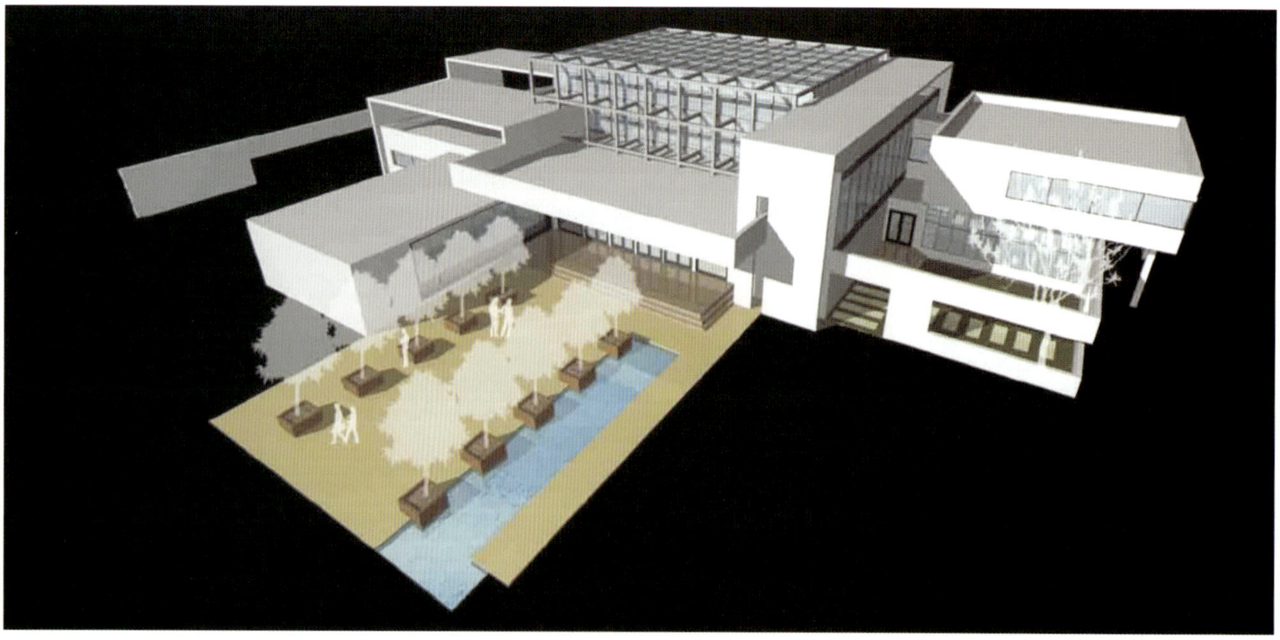

图 8-10　某建筑模型制作效果之一

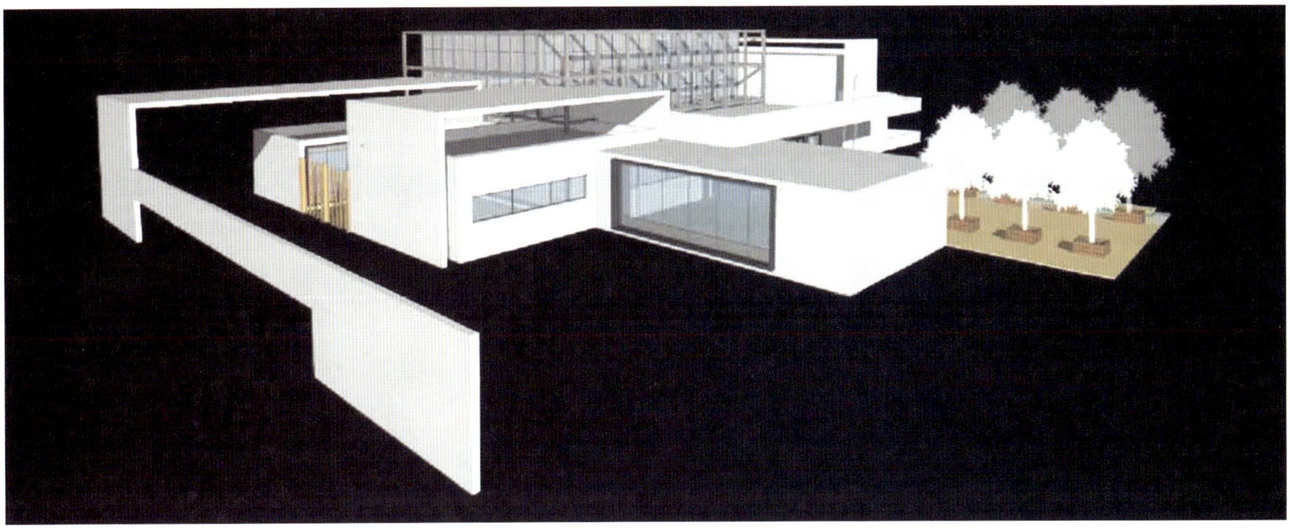

图 8-11　某建筑模型制作效果之二

图 8-12、图 8-13 是建筑景观规划模型，建筑部分表达很概括，重点在建筑外环境的表达上，主要材料有纸板、薄木板、木条、波纹纸、绿地粉、各种成品型材等。

图 8-14 是建筑足尺模型，主题是中国古代的门，主要采用木材、高密度板制作，木材上施以绛红色的油漆，配上红红的灯笼。

图 8-12　建筑景观规划模型图局部之一
(滕延霞　姜黎)

图 8-13　建筑景观规划模型图局部之二
(滕延霞　姜黎)

图 8-14　建筑足尺模型
(曹梦莎　张敏　徐倩　苏荟　唐炜　胡浩　曹正文　周双元　魏祖军，指导老师：张凌)

设计模型是环境艺术专业学生毕业设计的一个重要组成部分，是设计图纸的重要实物展示，如图 8-15 至图 8-26 所示的部分作品是在建筑模型制作公司的协助下完成的。

图 8-15 坡屋面建筑模型效果图之一

图 8-16 坡屋面建筑模型效果图之二

图 8-17 水景景观模型（黄雪怡 裴菲 王亚圣 万熹茜）

图 8-18 餐饮建筑模型效果图之一（吴锟 朱雪松 郑思萌 杨晨龙）

图 8-19　餐饮建筑模型效果图之二（吴锟　朱雪松　郑思萌　杨晨龙）

图 8-20　别墅景观模型图之一

图 8-21 别墅建筑模型图之二（朱惠梓 赖亚飞 乐娜 刘盼）

图 8-22 别墅里的景观与设施模型图（朱惠梓 赖亚飞 乐娜 刘盼）

图 8-23　道路景观模型图

图 8-24　建筑群规划模型图

图 8-25　某建筑模型图

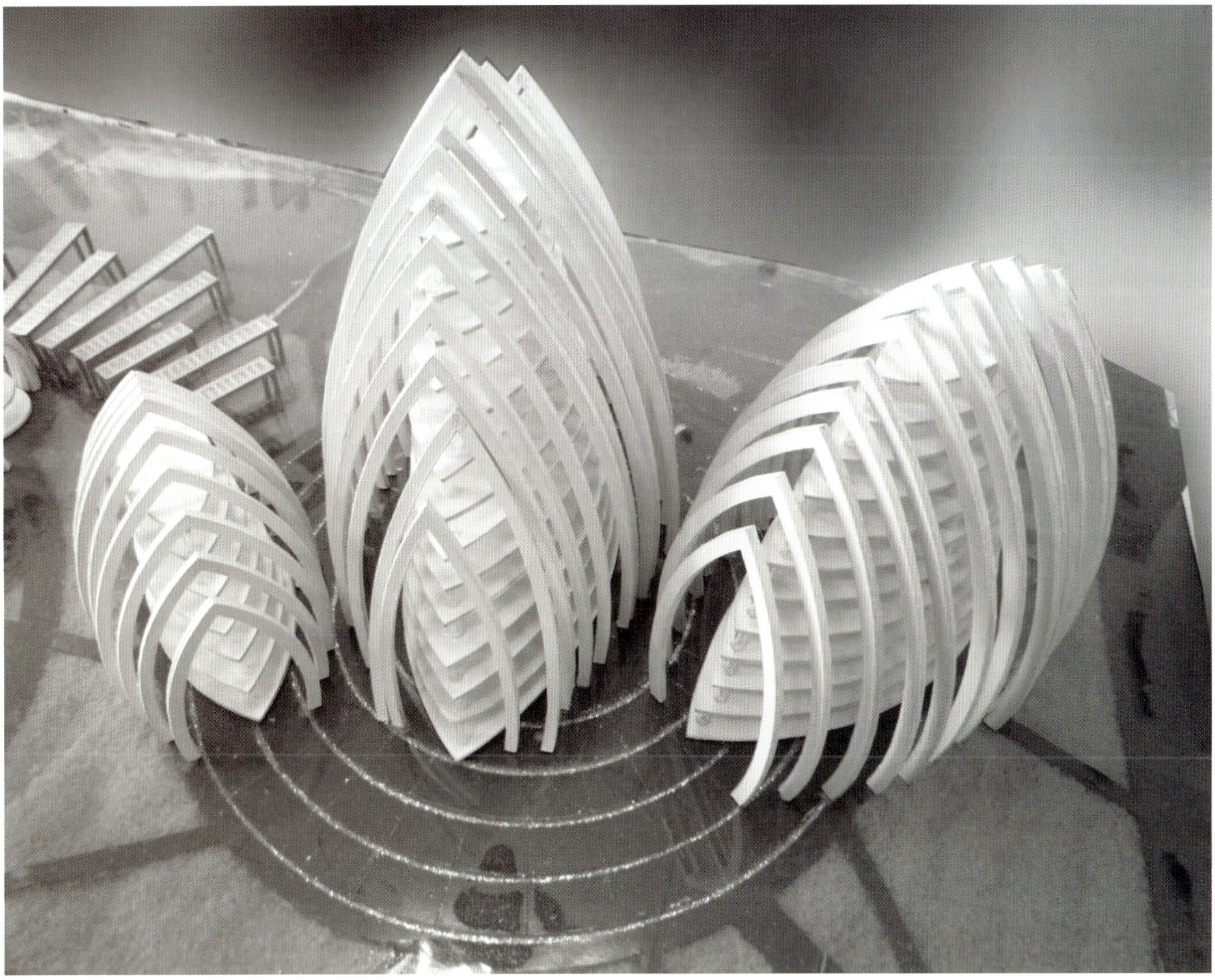

图 8-26　模型板所制作的建筑模型图（余盼盼　金念　胡珊珊，指导老师:罗倩倩）

8.2 建筑模型制作公司作品欣赏

图 8-27 至图 8-38 为建筑模型制作公司制作的模型。

图 8-27　居住区规划模型图之一

图 8-28　居住区规划模型图之二

图 8–29 公共建筑规划模型图

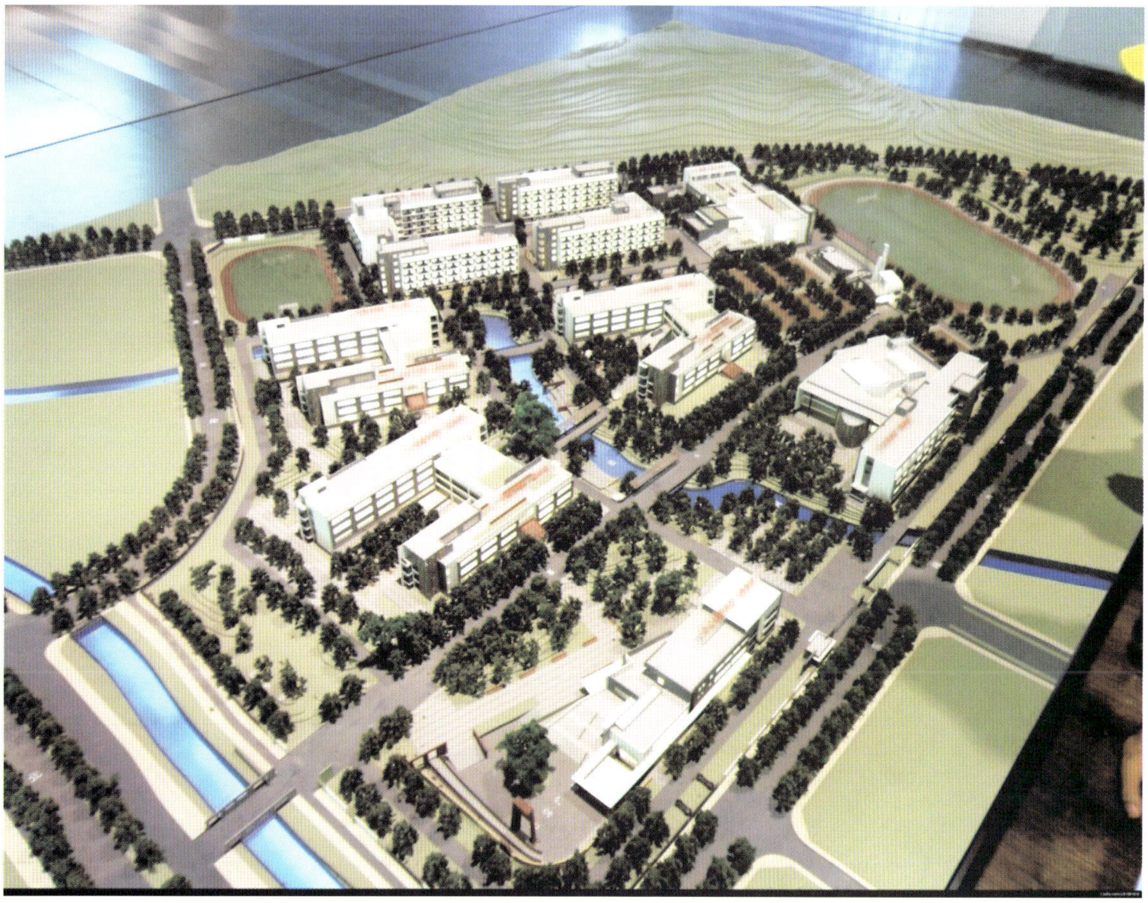

图 8–30 规划模型图

图 8-31　别墅模型图

图 8-32　高层建筑夜景模型图

图 8-33　户型模型图
（武汉赛悦建筑模型设计有限公司）

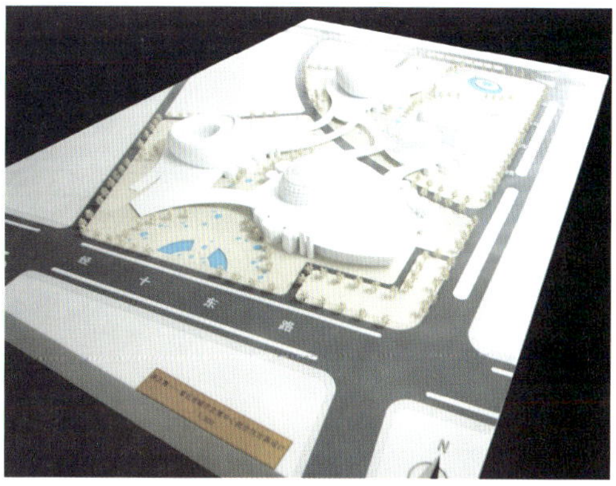

图 8-34　泉之舞——章丘市城市文博中心概念性方案设计模型图（武汉赛悦建筑模型设计有限公司）

图 8-35　碧桂园凤凰温泉度假酒店规划模型图
（武汉赛悦建筑模型设计有限公司）

图 8-36　赤壁郡都规划模型图（武汉赛悦建筑模型设计有限公司）

图 8-37　九运木兰水天别墅模型图（武汉赛悦模型设计有限公司）

图 8-38　福州南站概念设计方案模型图（武汉赛悦模型设计有限公司）

复习思考题

1. 收集若干张建筑模型图片，评析建筑模型作品所选用的材料及其优缺点。

2. 结合已学章节内容，参考第十章建筑模型制作参考图例，分组制作建筑展示模型。每组 3~4 人，建筑模型底座参考尺寸：500 mm×700 mm，材料不限，参考学时：32 学时。

模型制作要求：比例准确、制作精细、整体效果好、制作过程有详细记录。

9

建筑模型制作参考图例

JIANZHU MOXING ZHIZUO CANKAO TULI

9.1 日式别墅模型制作参考图例

图 9-1、图 9-2 为日式别墅模型效果图。该模型用到的材料：瓦楞纸、PVC 棒材、模型板、绿地粉、底纹纸、泡沫板、石头、透明玻璃胶片等。

图 9-1　日式别墅模型效果图之一（席涛　孙守刚　汪永豪　熊文亮）

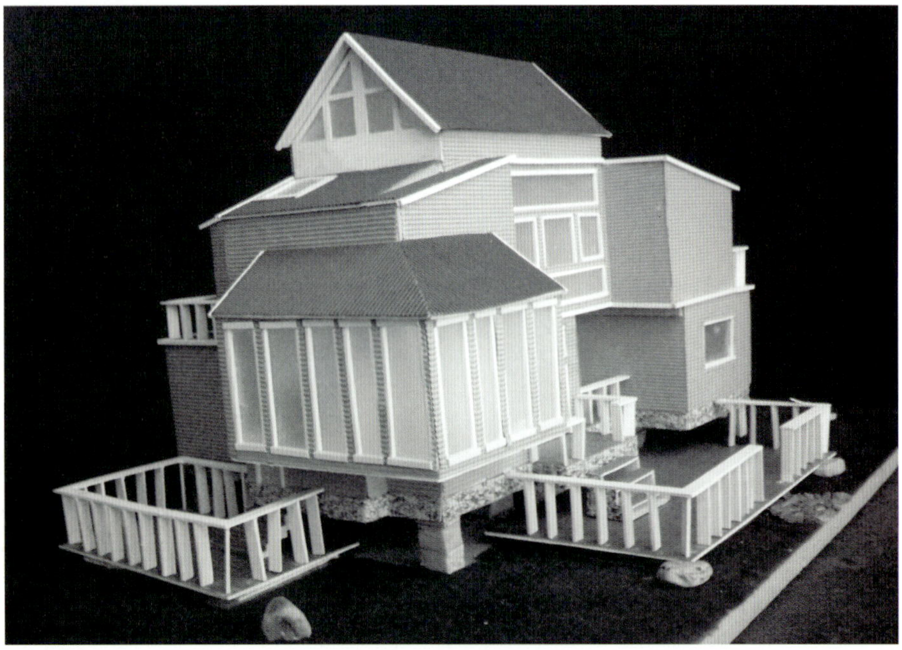

图 9-2　日式别墅模型效果图之二（席涛　孙守刚　汪永豪　熊文亮）

9.2 某坡屋顶别墅模型制作参考图例

图 9–3、图 9–4 为某坡屋顶别墅模型效果图。该模型用到的材料：瓦楞纸、PVC 棒材、模型板、绿地粉、底纹纸、泡沫板、小碎石、波纹纸、泡沫块（板）、磨砂玻璃胶片、树型材等。

图 9–3　某坡屋顶别墅模型效果图之一（李瑛　周博宁　付璇　何柯蓝）

图 9–4　某坡屋顶别墅模型效果图之二（李瑛　周博宁　付璇　何柯蓝）

9.3 母亲住宅模型制作参考图例

图 9–5 至图 9–7 为母亲住宅模型图，该模型用到的材料：模型板、绿地粉、泡沫板、磨砂玻璃胶片、PVC 棒材等。

图 9–5　母亲住宅建筑模型图之一
(深圳大学建筑与城市规划学院学生作品)

图 9–6　母亲住宅建筑模型图之二
(深圳大学建筑与城市规划学院学生作品)

图 9–7　母亲住宅建筑模型效果图之三（康迪慧　蔡歆　李倩，指导老师：黄信）

9.4
其他建筑模型制作参考图例

图 9–8 至图 9–12 为小型公共建筑模型不同观察角度的效果图。

图 9–8　小型公共建筑模型图
（深圳大学建筑与城市规划学院学生作品）

图 9–9　小型公共建筑模型图
（深圳大学建筑与城市规划学院学生作品）

图 9–10　小型公共建筑模型图
（深圳大学建筑与城市规划学院学生作品）

图 9–11　别墅建筑模型（吴佳慧　胡锦一　赵博，指导教师：黄信）

图 9–12　小型公共建筑模型之五（王箐　王丹雯　彭萱，指导教师：黄信）

图 9–13 至图 9–15 为同一公共建筑模型不同观察角度的效果图。

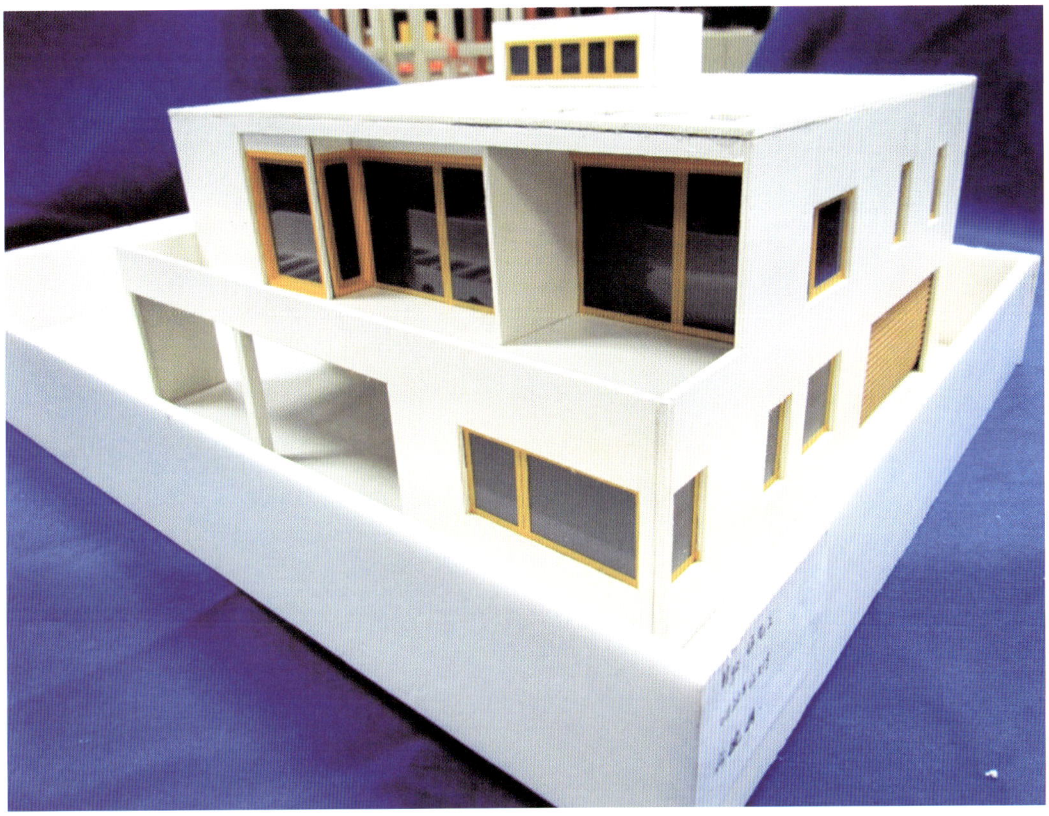

图 9–13　公共建筑模型效果图之一（何婉娟，指导老师：黄信）

图 9–14　公共建筑模型效果图之二（何婉娟，指导老师：黄信）

图 9-15　公共建筑模型效果图之三（何婉娟，指导老师：黄信）

图 9-16 至图 9-19 的建筑模型是采用高密度板制作。

图 9-16　某会议中心庭院式客房规划模型设计方案效果图

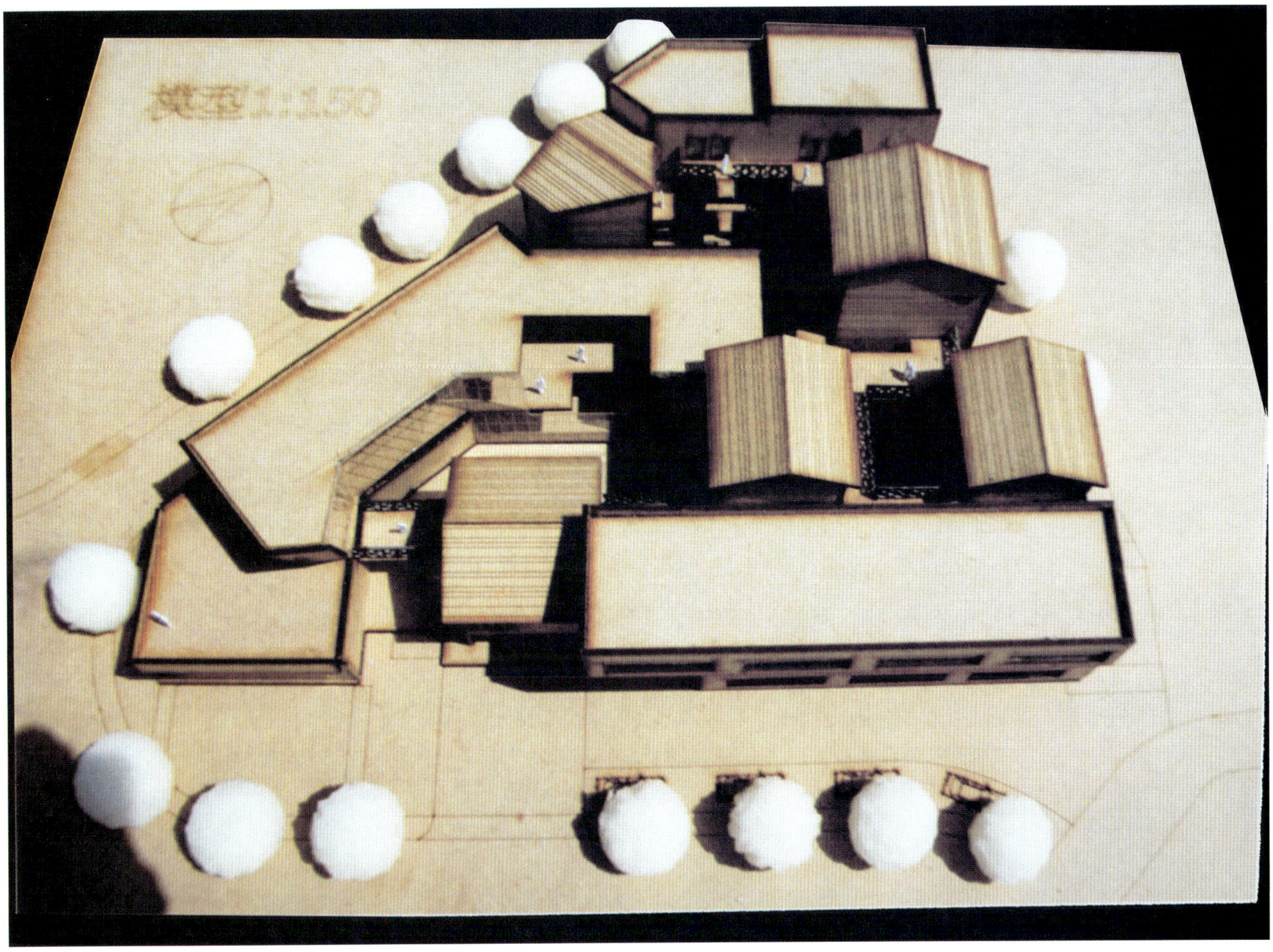

图 9-17　某公共建筑概念模型图

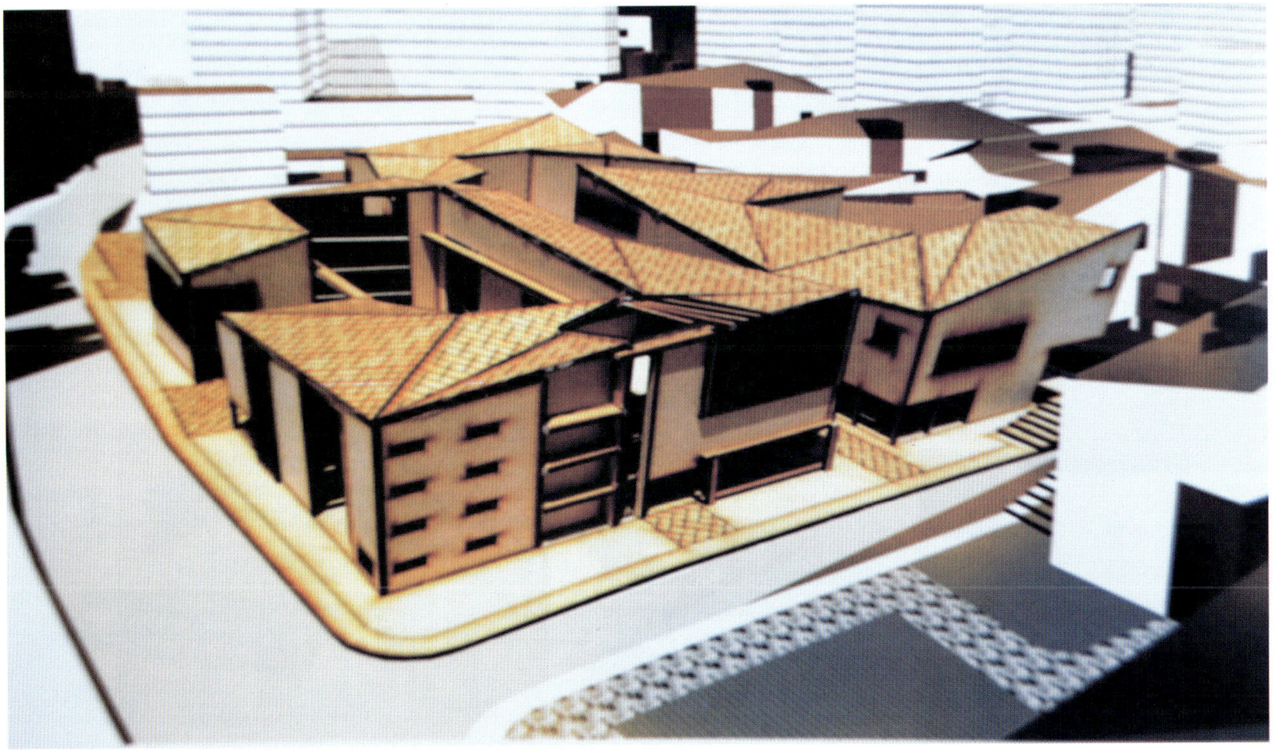

图 9-18　重庆某地段图书馆建筑方案模型图

图 9-19 某区域建筑群改造方案模型图

图 9-20 为民族风建筑模型效果图，该模型用到的材料：模型板、粗木条、绿地粉、泡沫板、树型材、底纹纸等。

图 9-21、图 9-22 为公共建筑模型效果图，该模型用到的材料：模型板、PVC 线材、PVC 棒材、泡沫板、沙子、树型材等。

图 9-20 民族风建筑模型效果图
(熊怡 万梦瑶 翟璐颖，指导老师：黄信)

图 9-21 公共建筑模型效果图之一

图 9-22 公共建筑模型效果图之二

图 9-23 为斜拉桥及附属建筑模型效果图。该模型用到的材料：模型板、PVC 线材、毛线、泡沫板、蓝色丙烯颜料、船型材等。

图 9-24 为别墅建筑模型，该模型用到的材料：ABS 板、树型材、泡沫块等。

图 9-23　斜拉桥及附属建筑模型效果图

图 9-24　别墅建筑模型效果图

图 9-25 为红顶别墅模型效果图，该模型用到的材料：模型板、绿地粉、泡沫板、瓦楞纸等。

图 9-26 为红顶别墅模型效果图，该模型用到的材料：模型板、瓦楞纸、树型材、底纹纸、PVC 棒材等。

图 9-25　红顶别墅模型效果图之一

图 9-26　红顶别墅模型效果图之二

图 9–27 为湖边寓所模型效果图，该模型用到的材料：模型板、树型材、栏杆型材、家具型材、泡沫板、PVC线材、碎砂石、蓝色丙烯颜料等。

图 9–28 为沙滩边的建筑模型效果图，该模型用到的材料：模型板、树型材、泡沫板、PVC 线材、碎砂石、蓝色丙烯颜料、波纹纸、绿地粉等。

图 9–27　湖边寓所模型效果图（金定杰　李想　王文烨，指导老师:黄信）

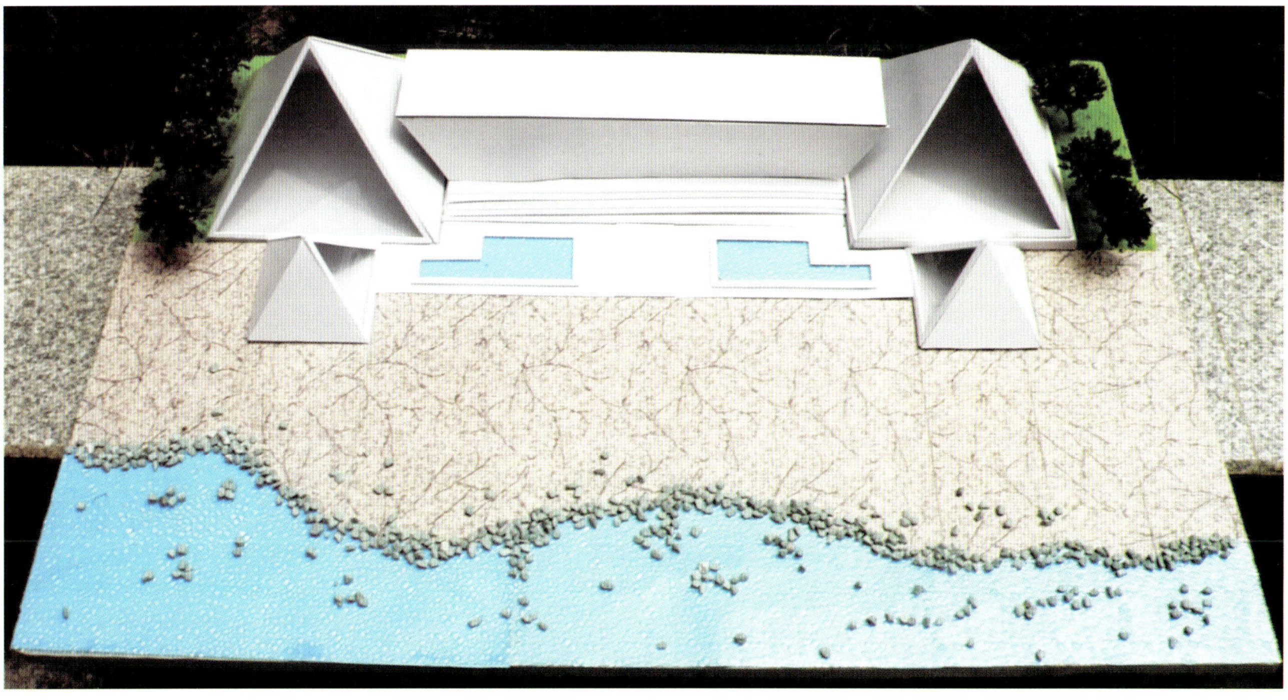

图 9–28　沙滩边的建筑模型效果图（袁野　姚诗婕　熊静，指导老师:黄信）

图 9-29、图 9-30 为公共建筑模型效果图，该模型用到的材料：模型板、树型材、泡沫板、PVC 型材、波纹纸、绿地粉、手喷漆、碎砂石等。

图 9-29 公共建筑模型效果图之一（刘文 董雪雯 黄凌霄 张小红，指导老师:黄信）

图 9-30 公共建筑模型效果图之二（刘文 董雪雯 黄凌霄 张小红，指导老师:黄信）

图 9-31 为概念模型效果图，该模型用到的材料：模型板、泡沫板、波纹纸等。

图 9-31 概念模型效果图

9.5 室内空间模型制作参考图例

图 9-32 至图 9-35 为建筑室内模型效果图，该模型用到的材料：ABS 板、树型材、碎石、蓝色丙烯颜料、波纹纸、绿地粉等。

图 9-32 建筑室内模型效果之一

图 9-33　建筑室内模型效果之二
(张骏　高梓铭，指导教师：张敏耀)

图 9-34　建筑室内模型效果图之三
(指导老师:曹喆)

图 9-35　建筑室内模型效果图之四（指导老师:曹喆)

图 9-36 至图 9-38 为户型模型效果图，该模型使用到的材料：ABS 板、各种成品型材、布艺、底纹纸、绿地粉等。

图 9-39 至图 9-47 为学生的习作，这些模型使用的主要材料：模型板、底纹纸、布料、各种小装饰件等。

图 9-36　户型模型效果图之一（关珊　刘莹，指导老师:曹喆）

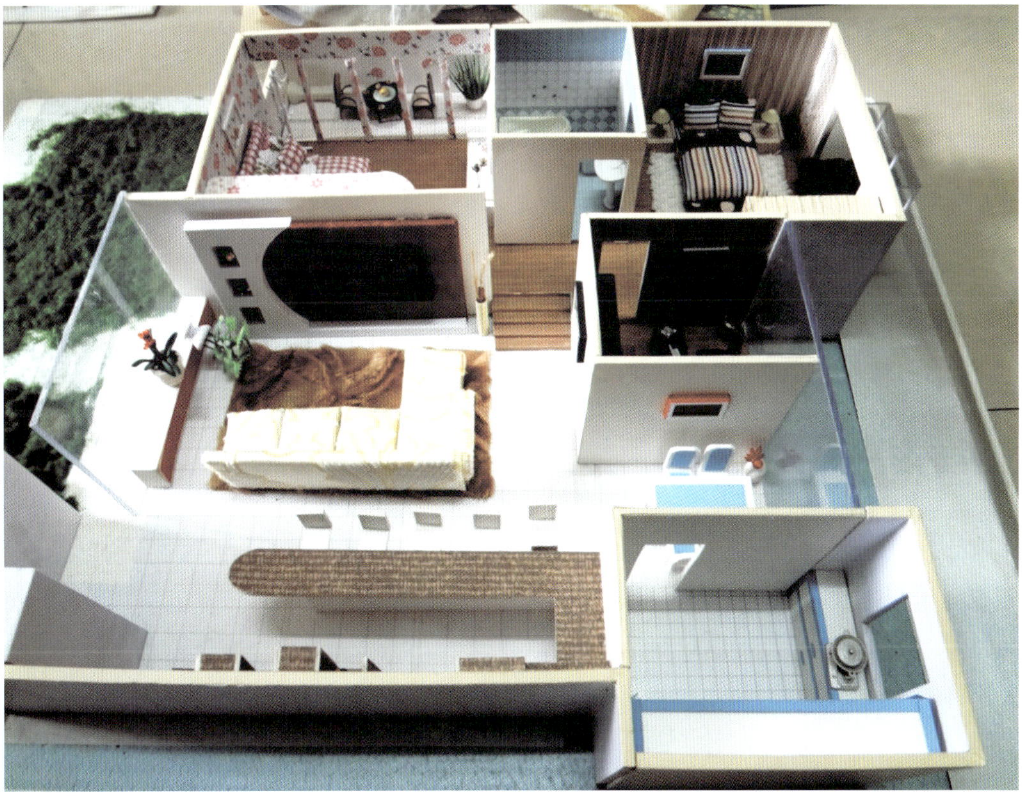

图 9-37　户型模型效果图之二（杨雪　张婷　陈惠敏，指导老师:曹喆）

图 9-38 户型模型效果图之三（杨雪 张婷 陈惠敏，指导老师:曹喆）

图 9-39 客厅沙发及背景墙模型图（王思侃 段龙 付钊，指导老师:费雯）

图 9-40　卧室室内场景模型图

图 9-41　儿童房室内场景模型图

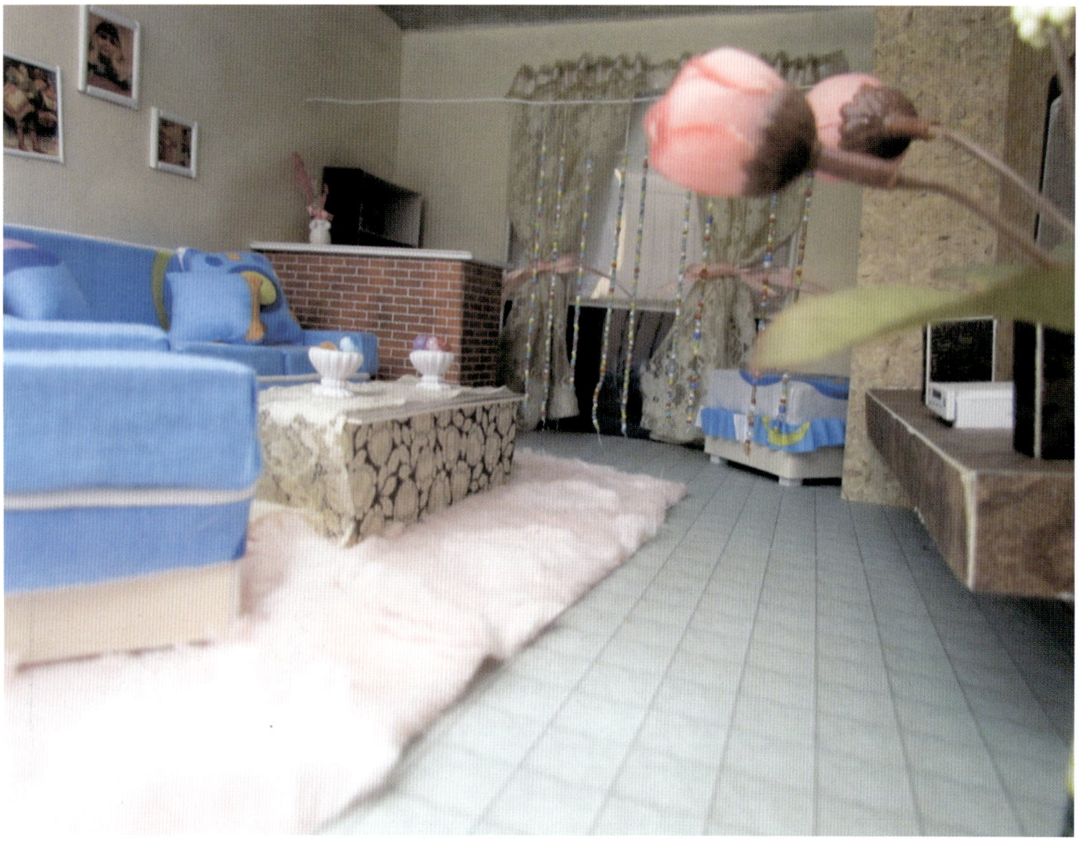

图 9-42　室内场景模型图

图 9-43　卧室场景模型图

图 9–44　卧室场景模型图

图 9–45　主卧室场景模型图

图 9–46　儿童房室内场景模型图局部

图 9–47　客厅场景模型图

图 9-48 至图 9-52 为学生的习作，这些模型使用的主要材料：模型板、底纹纸、即时贴贴纸、橡皮泥等。

图 9-48　室内空间模型效果图之一（夏梦芳　杨君，指导老师：曹喆）

图 9-49　室内空间模型效果图之二
（夏梦芳　杨君，指导老师：曹喆）

图 9-50　室内空间模型效果图之三
（夏梦芳　杨君，指导老师：曹喆）

图 9-51　室内空间模型效果图之四
（夏梦芳　杨君，指导老师：曹喆）

图 9-52　室内空间模型效果图之五
（夏梦芳　杨君，指导老师：曹喆）

9.6 建筑规划模型制作参考图例

图 9-53 的建筑规划模型使用的主要材料：ABS 板、底纹纸、树型材、景观型材等。

图 9-53　居住区规划模型效果图

图 9-54 的建筑规划模型使用的主要材料：模型板、波纹纸、泡沫板等。

图 9-55 的建筑规划模型使用的主要材料：密度板。

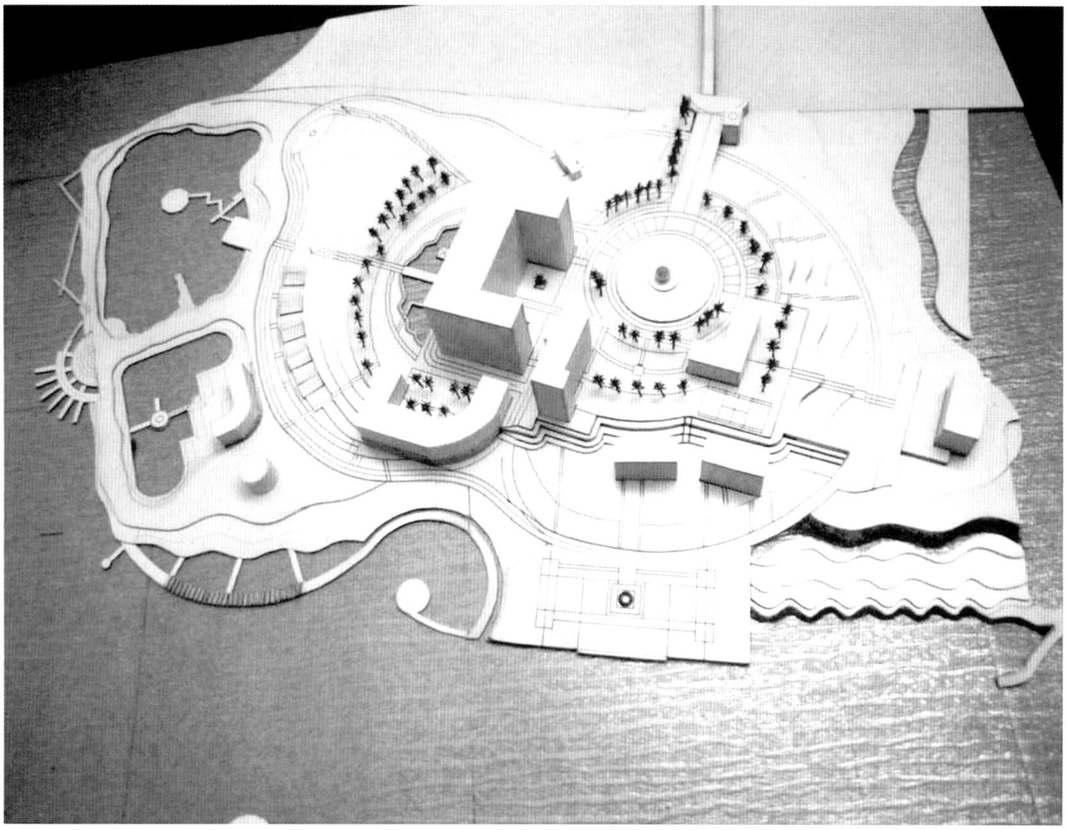

图 9-54　规划模型图（尹伊　邬斯斯　汪昕）

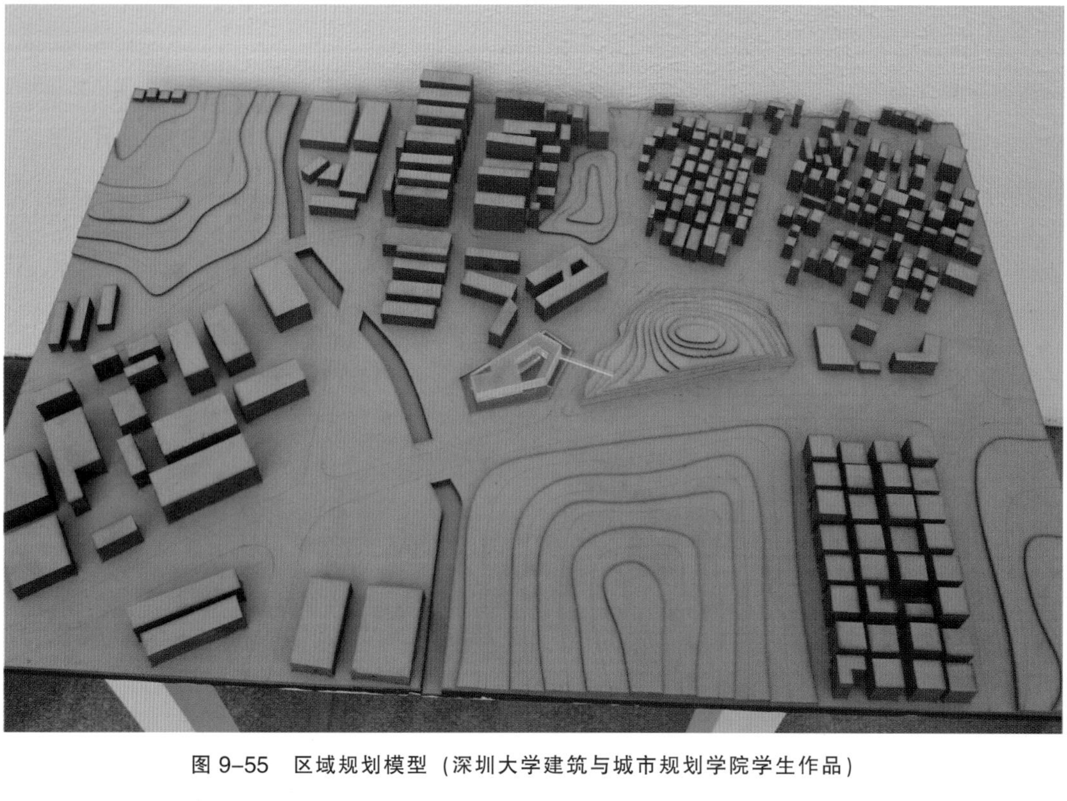

图 9-55　区域规划模型（深圳大学建筑与城市规划学院学生作品）

图 9–56 的建筑规划模型使用的主要材料：石膏底座、ABS 板等。

图 9–57 的建筑规划模型使用的主要材料：树型材、ABS 板等。

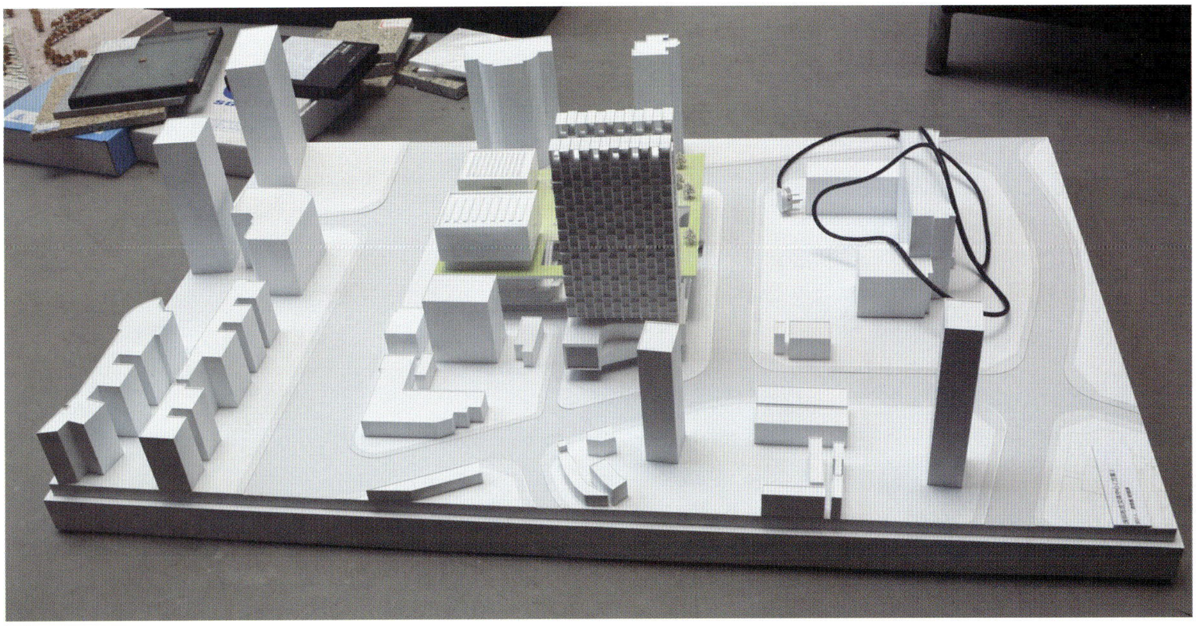

图 9–56 城市区域规划模型（深圳大学建筑与城市规划学院学生作品）

图 9–57 城市区域规划模型

附录　“建筑模型制作”课程教学大纲

课程类型：专业基础必修课

授课对象：本科专业

授课时间：本科第 4 学期

学分学时：1.5 学分，授课 16 学时，课程设计 32 学时

先修课程：设计思维与表达

一、课程的性质、目的和任务

本课程为专业基础课，通过本课程的学习，让学生对建筑模型的概念、历史发展的过程、材料及模型制作方法有一定认识，分析优秀的学生模型作品，考察建筑模型制作流程，并分组完成建筑标准模型的制作。

二、课程教学内容与要求

第一章　概述

本章教学目标：学习建筑模型的概念、发展历程、作用。

本章教学基本要求：了解建筑模型的概念，理解建筑模型发展历程，理解建筑模型的作用。

本章教学要点：我国建筑模型发展的阶段、建筑模型的作用。

本章教学难点：建筑模型的作用。

第一节：建筑模型的概念

第二节：建筑模型的发展历程

第三节：建筑模型的作用

第二章　建筑模型的分类

本章教学目标：学习建筑模型种类和各种建筑模型的特点。

本章教学基本要求：了解建筑模型种类的划分方法，掌握各类建筑模型的特点。

本章教学要点：建筑模型的种类，各种建筑模型的特点。

本章教学难点：建筑模型特点。

第一节：建筑模型的分类

（一）按建筑模型制作深度分类

（二）按建筑模型表现内容分类

（三）按建筑模型尺度分类

第三章　常用建筑模型制作材料和工具

本章教学目标：识别常用建筑模型制作的材料和用具以及材料与工具应用技巧。

本章教学基本要求：了解各种材料和工具的名称，理解材料和工具应用技巧。

本章教学要点：识别常用建筑模型材料和工具。

本章教学难点：材料和工具应用技巧。

第一节：建筑模型制作材料

第二节：建筑模型制作工具

第四章　建筑模型制作前的准备工作

本章教学目标：做好建筑模型制作前的准备工作。

本章教学基本要求：理解建筑模型构思方法，合理分解建筑模型的各个立面和平面，掌握适合表现模型整体效果的材料和制作方法。

本章教学要点：分解建筑模型的各个立面和平面。

本章教学难点：适合表现模型整体效果的材料和制作方法。

第一节：设计构思阶段

第二节：设计制图阶段

第三节：材料准备阶段

第五章　建筑模型制作实例解析

本章教学目标：学习常用建筑材料制作建筑模型的步骤。

本章教学基本要求：掌握纸材和木材制作建筑模型步骤。

本章教学要点：纸材建筑模型制作的步骤。

本章教学难点：木材建筑模型制作的步骤。

第一节：纸材建筑模型制作流程实例解析

第二节：木材建筑模型制作流程实例解析

第六章　室内空间模型制作

本章教学目标：学习室内空间模型制作的方法，学会赏析室内空间模型。

本章教学基本要求：掌握纸材室内空间模型制作的方法。

第一节：室内空间模型制作方法

第二节：室内空间模型赏析

第七章　建筑外环境模型制作

本章教学目标：学习建筑模型的底座、建筑模型周围的水面、道路、绿化的制作方法。

本章教学基本要求：掌握模型的底座、建筑模型周围的水面、道路、绿化的基本制作方法。

本章教学要点：水面的制作，道路的制作，绿化的选择与制作。

本章教学难点：水面形态，道路宽度，绿化的搭配。

第一节：模型底座的制作

第二节：水面模型制作

第三节：道路模型制作

第四节：绿化模型制作

第五节：户外设施模型制作

第八章　建筑模型的发展趋势

本章教学目标：学习建筑模型未来的发展趋势，对模型发展前瞻性探讨。

本章教学基本要求：对建筑模型未来的发展趋势有一定的认识。

本章教学要点：对模型发展趋势进行分析和讨论。

本章教学难点：对模型发展趋势有自己的见解。

第九章　建筑模型作品欣赏

本章教学目标：通过大量的学生作品图片让学生对建筑模型制作效果有进一步的认识，学会对建筑模型进行简单的评价。

本章教学基本要求：理解鉴赏优秀建筑模型方法。

本章教学要点：分析优秀建筑模型方法。

本章教学难点：学会借鉴优秀建筑模型制作方法。

三、课程教学方式方法与考核

（1）教学方式方法：案例式教学。

（2）考核形式及成绩构成与评定方式：

考核形式：建筑展示模型底座参考尺寸：500 mm × 600 mm，3~4 人 / 组。

成绩构成：平时成绩占 30%，模型制作成绩占 70%。

评定要求：

90 分以上：模型主题明确，模型制作记录详实，构思新颖，选材准确，模型各部分，色彩搭配准确，比例正确，整体感强，视觉效果佳，制作精细，环境表达与建筑形态很好融合。

80~89 分：模型主题较明确，模型制作记录较详实，构思较新颖，选材较准确，模型色彩搭配较准确，比例较正确，整体感较强，视觉效果良好，制作较精细，环境表达与建筑形态较好融合。

70~79 分：模型主题一般，模型制作记录内容一般，构思一般，选材一般，模型色彩搭配一般，比例一般，整体感一般，视觉效果一般，制作精细一般，环境表达与建筑形态融合度一般。

60~69 分：模型主题不够明确，模型制作记录不详实，构思一般，选材一般，模型色彩搭配不够合适，比例不够适当，整体感较弱，视觉效果较弱，制作精细度不足，环境表达与建筑形态融合度较弱。

不及格：模型主题不明确，无模型制作记录，构思较差，选材不合适，模型色彩搭配不合适，比例不适当，整体感弱，视觉效果弱，制作精细度不足，环境表达与建筑形态融合度不适当。

四、学时分配

章	学时分配					合计
	讲课	实验课	上机课	课堂练习	其他	
第一章	2	—	—	—	—	2
第二章	2	—	—	—	—	2
第三章	2	—	—	—	—	2
第四章	2	—	—	—	—	
第五章	2	—	—	—	—	2
第六章	2	—	—	—	—	2
第七章	2	—	—	8	—	10
第八章	1	—	—	—	—	1
第九章	1	—	—	—	—	1
课程设计	—	—	—	24	—	24
合计	16	—	—	32	—	48

编制人：黄　信

参考文献

JIANZHU MOXING ZHIZUO JIAOCHENG(DI-ERBAN)

[1] 莫敷建，陈菲菲. 建筑模型设计与制作教程 [M]. 广西：广西美术出版社，2011.

[2] 郭红蕾，阳虹，师嘉，等. 建筑模型制作——建筑·园林·展示模型制作实例 [M]. 北京: 中国建筑工业出版社，2007.

[3] 黄源. 建筑设计与模型制作——用模型推进设计的指导手册 [M]. 北京:中国建筑工业出版社，2009.

[4] 黄源. 建筑设计初步与教学实例 [M]. 北京:中国建筑工业出版社，2007.

[5] 郎世奇. 建筑模型设计与制作 [M]. 2 版. 北京:中国建筑工业出版社，2006.

[6] 梅映雪. 建筑模型制作 [M]. 长沙:湖南人民出版社，2009.

[7] 邓东，吴钢. 北京中信国安会议中心庭院式客房设计 [J]. 建筑学报，2009(11): 36.

[8] 刘小波，谭英，Uif Ranhagen. 打造“深绿型”生态城市——唐山曹妃甸国际生态城概念性总体规划 [J]. 建筑学报，2009(5):1–6.

[9] 邓蜀阳，许懋彦，张彤，等. 走在十八梯——2011 八校联合毕业设计作品 [M]. 北京:中国建筑工业出版社，2011.

后记

建筑模型制作课程在环境艺术设计专业和建筑学专业中属于专业基础课，但要求各有侧重，建筑学专业对建筑模型制作这一课程要求相对较高。往往是在建筑方案设计的同时制作建筑构思模型和建筑方案汇报模型，使建筑模型制作与建筑设计相辅相成，用建筑模型的方式推动建筑设计。环境艺术设计专业对建筑模型制作这一课程更加侧重于学生对空间、材料、工具的理解与运用，提高学生的审美意识、尺度意识、比例意识，感受建筑组合空间关系。

本书内容适合于环境艺术设计专业的学生阅读。本书积累了作者和同事们多年的教学成果，结构清晰，易懂易学，可作为高校环境艺术设计专业教材，也可作为环境艺术相关专业的参考用书，同时还可作为建筑模型制作爱好者的自学用书。本书中难免存在一些不足之处，希望读者提出宝贵的意见和建议。

编 者

2013 年 2 月